U0398104

机床夹具设计教程

何 庆 李 郁 主编

电子工业出版社

Publishing House of Electronics Industry

北京·BEIJING

内 容 简 介

　　本书是作者在机械制造领域多年教学实践的基础上，并结合夹具在工厂应用的实例编写而成的。本书以夹具设计的流程和思路为主线进行讲述，对工件的定位、工件的夹紧、夹具设计的步骤和方法，典型车床夹具、钻床夹具、镗床夹具、铣床夹具设计，以及夹具课程项目教学等内容做了详细介绍。本书既有理论又有实践，操作性强，可使读者在机床夹具设计方面的理论知识及实践技能得以提高。

　　本书内容丰富、系统，图文并茂，实用性强。

　　本书适合应用型本科、高职高专等机械类和近机类大学生阅读，也可供机械加工工厂工程技术人员参考。

未经许可，不得以任何方式复制或抄袭本书之部分或全部内容。

版权所有，侵权必究。

图书在版编目（CIP）数据

机床夹具设计教程/何庆，李郁主编. —北京：电子工业出版社，2012.8
普通高等教育"十二五"机电类规划教材
ISBN 978-7-121-17770-5

Ⅰ. ①机…　Ⅱ. ①何…　②李…　Ⅲ. ①机床夹具－设计－高等学校－教材　Ⅳ. ①TG750.2

中国版本图书馆 CIP 数据核字（2012）第 173251 号

策划编辑：李　　洁（lijie@phei.com.cn）
责任编辑：刘真平
印　　刷：北京盛通商印快线网络科技有限公司
装　　订：北京盛通商印快线网络科技有限公司
出版发行：电子工业出版社
　　　　　北京市海淀区万寿路 173 信箱　邮编　100036
开　　本：787×1092　1/16　印张：13.25　字数：339.2 千字
版　　次：2012 年 8 月第 1 版
印　　次：2021 年 12 月第 11 次印刷
定　　价：36.00 元

前　言

本书是根据教育部高等学校"机械设计制造及其自动化"专业教学指导委员会机械学科教材的编写要求，为机械类或近机类专业开设"机床夹具设计"课程而编写的教学用书，其目的是使学生掌握机床夹具的基础理论知识和设计方法，培养学生设计机床夹具的基本能力，为以后从事专业技术工作打下一定的基础。

本教材的主要特点如下：

（1）编写的原则：对理论知识的学习由浅入深、循序渐进，突出重点和难点，以提高学生的学习效率。每章后面都附有设计示例，突出对所学知识的运用。在第6章典型夹具设计与实例中，对常用夹具设计的讲解均由引例开头，引导学生进入每节的学习，增强教材的可读性。

（2）突出应用性：强调应用性和能力的培养。以学生就业所需的专业知识和设计技能为着眼点，在适度的基础知识和理论体系覆盖下，着重讲解应用型人才培养所需的内容和知识点。在编写过程中融入了一定量的现场运用实例以及可视性较强的三维夹具图，并对实例进行有效的分析，突出实用性和可操作性。

（3）编写体系有所创新：每章开头都有"本章学习的目标"、"重点与难点"，引导学生自主学习。考虑到适用面的扩大，本教材增加了第7章夹具课程项目教学，将机床夹具拆装实训、专用夹具三维设计和夹具课程设计等实践教学的内容纳入本教材中，方便高校不同层次的选用，以适应创新型人才培养的需要。

本书由何庆和李郁主编，李郁编写第3章3.4节、第4章，其余由何庆教授编写并负责统稿。

在本书的编写过程中，得到了电子工业出版社、江苏技术师范学院、西北工业大学明德学院和安徽理工大学等单位的大力支持，范真教授、施晓芳高级实验师和谈衡老师等也为本书的出版付出了辛勤的工作；同时也参考了许多文献和教材，在此一并表示衷心的感谢！

由于编者水平有限，书中错误或不足之处在所难免，敬请广大读者批评指正。

编　者
2012 年 6 月

目　　录

第 1 章
绪　论

本章学习的目标

了解机床夹具的作用、分类；
了解工件的装夹方法；
掌握机床夹具的组成；
了解现代机床夹具发展的方向。

重点与难点

机床夹具的组成及各部分的作用。

图 1-1　钻床夹具示意图

在机械制造过程中，用来固定加工对象，使之占有正确加工位置的工艺装备称为夹具。在机械制造的过程中，夹具广泛应用于焊接、装配、检验和机床切削加工等方面，因此就有了焊接夹具、装配夹具、检验夹具和机床夹具等。

机床夹具是在机床上用来固定加工对象，使之占有正确加工位置的工艺装备，简称为夹具。其作用是将工件定位，以使工件获得相对于机床和刀具的正确位置，并把工件可靠地夹紧。图 1-1 所示为钻床夹具示意图。在机械加工中，机床夹具作为工艺装备的一个重要部分，直接关系到零件加工的精度、生产效率和制造成本。机床夹具设计也是机械制造工艺装备设计的一项重要工作。

1.1　机床夹具的作用

机床夹具作为机床上重要的工艺装备，其主要作用如下。

1. 缩短辅助时间，提高劳动生产率

夹具的使用一般包括两个过程：其一是夹具本身在机床上的安装和调整，这个过程主要依靠夹具自身的定向键、对刀块来快速实现，或者通过找正、试切等方法来实现，但速度稍慢；其二是被加工工件在夹具中的安装，这个过程由于采用了专用的定位装置（如 V 形块等），能使工件迅速地定位和夹紧，不再进行加工前的找正、对刀等辅助工作，工件装卸迅速，大大减少了工件安装的辅助时间，同时易于实现多件加工、多工位加工，特别适用于加工时间短，辅助时间长的中、小工件的加工，提高劳动生产率。

2. 保证加工精度，稳定产品质量

加工过程中，使用夹具可使工件与刀具的相对位置容易得到保证，并且不受各种主观因素的影响，因而工件的加工精度稳定可靠，如在摇臂钻床上加工孔系，采用划线找正，保证表面相互位置精度达 0.4～1.0mm；采用夹具，保证表面相互位置精度可达 0.10～0.20mm。

3. 降低对工人技术等级的要求和减轻工人劳动强度

由于多数专用夹具的夹紧装置只需工人操纵按钮、手柄即可实现对工件的夹紧，这在很大程度上减少了工人找正和调整工件的时间，或者根本不需要找正和调整，降低了操作难度，所以，这些专用夹具的使用降低了对工人的技术要求并减轻了工人的劳动强度。

4. 扩大机床的工艺范围

很多专用夹具不仅能装夹某一种或一类工件，还能装夹不同类的工件，并且有的夹具本身还可在不同类的机床上使用。这些都扩大了机床的加工范围，如在车床的溜板上或在摇臂钻床工作台上装上镗模就可以进行箱体的镗孔加工，如图 1-2 所示。

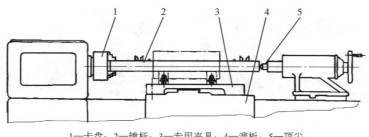

1—卡盘；2—镗杆；3—专用夹具；4—溜板；5—顶尖

图 1-2　在车床上镗箱体阶梯孔示意图

1.2　机床夹具的分类

　　按夹具的应用范围、使用机床和按夹紧动力的来源，可将机床夹具分为如图 1-3 所示的几种类型。

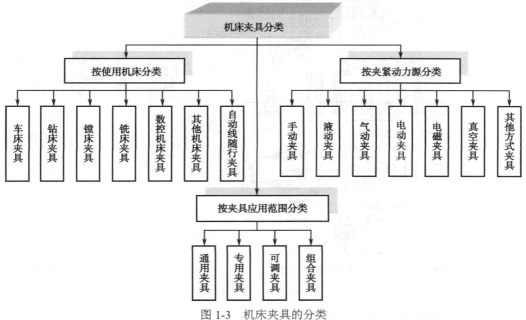

图 1-3　机床夹具的分类

1. 按夹具应用范围分类

　　（1）通用夹具。指结构、尺寸已标准化，且具有一定通用性的夹具，由专业工厂生产，有较广的适用性，如三爪自动定心卡盘、四爪单动卡盘、平口钳、万能分度头（如图 1-4 所示）、顶尖、中心架、电磁吸盘等。其特点是适应范围大，已成为机床附件，但生产率较低，适用于单件小批量生产。

　　（2）专用夹具。针对某一工件或某一工序的加工要求专门设计和制造的夹具。这类夹具能提高零件加工的生产率，可获得较高的生产率和加工精度，且操作方便，安全可靠，但设计与制造周期长，费用较高，生产对象变化后无法再用，故适用于加工对象固定的成批生产。

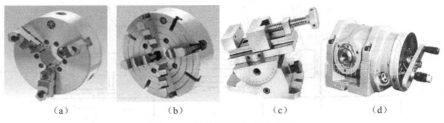

（a） （b） （c） （d）

图 1-4 部分通用夹具外形图

这是一般机械制造企业应用较多的类型，也是本书讲解的重点。

（3）可调夹具。是针对通用夹具和专用夹具的缺陷而发展起来的一类新型夹具。对不同类型和尺寸的工件，只需调整或更换原来夹具上的个别定位元件和夹紧元件便可使用。加工完一种工件后，经过调整或更换个别元件即可用于加工另外一种工件，常用于多品种、小批量生产中加工形状相似、尺寸相近和定位基准相似的一组工件。如图 1-5 所示就是钻圆盘类零件圆周上等分孔的通用可调钻夹具。

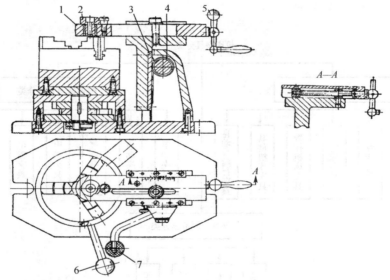

1—可移动钻模板；2—快换钻套；3—齿条；4—齿轮；5—移动操纵手柄；6—分度操纵手柄；7—升降操纵手柄

图 1-5 通用可调夹具

此外，还有组合夹具、随行夹具等。

2．按使用机床分类

可分为车床夹具、钻床夹具、镗床夹具、铣床夹具、刨床夹具、磨床夹具、齿轮加工机床夹具、数控机床夹具、自动线随行夹具和其他机床夹具等。

3．按夹紧动力源分类

可分为手动夹具、液动夹具、气动夹具、电动夹具、电磁夹具、真空夹具等。

1.3　工件的装夹

工件加工前，在机床或夹具中占据某一正确加工位置，然后再予以压紧，这称为装夹。工件装夹的目的如下。

（1）定位：使工件获得正确的加工位置。

（2）夹紧：固定工件的正确加工位置。

一般先定位、后夹紧，特殊情况下定位、夹紧同时实现，如三爪自动卡盘装夹工件。工件装夹的方式有如下两类。

1.3.1　找正法装夹工件

1. 方法

（1）以工件已有表面找正装夹工件，如在四爪卡盘上用划针找正装夹工件。

（2）以工件上事先划好的线痕迹找正装夹工件，如图 1-6 所示在虎钳上用划针找正装夹工件。

过程：预夹紧→找正、敲击→完全夹紧。

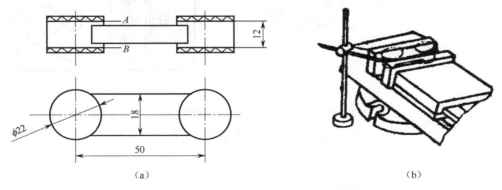

（a）　　　　　　　　　　　　　　　　（b）

图 1-6　虎钳上划针找正

2. 特点

（1）这类装夹方法劳动强度大，生产效率低，要求工人技术等级高；

（2）定位精度较低，由于常常需要增加划线工序，所以增加了生产成本；

（3）只需使用通用性很好的机床附件和工具，因此能适用于加工各种不同零件的各种表面，特别适合于单件、小批量生产。

可见，找正法装夹工件，工件正确位置的获得是通过找正方式达到的。

1.3.2 用专用夹具装夹工件

图 1-7（a）所示是在钻床夹具上加工套筒零件上 ϕ5H9 径向孔的工序简图。工件以内孔及端面与夹具上定位销 6 及其端面接触定位，通过开口垫圈 4、螺母 5 压紧工件，见图 1-7（b）。把夹具放在钻床工作台面上，移动夹具让钻套 1 导引钻头钻孔。因钻套内孔中心线到定位销 6 端面的尺寸及对定位销 6 轴线的对称度是根据工件孔加工位置要求确定的，所以能满足工件加工要求。

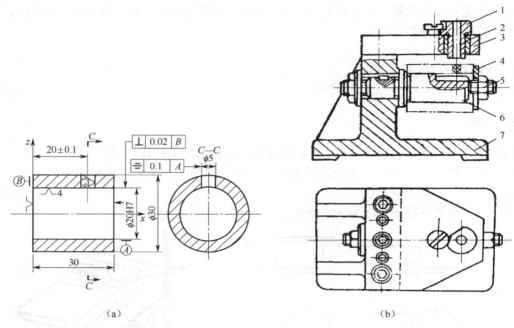

（a）   （b）

1—钻套；2—衬套；3—钻模板；4—开口垫圈；5—螺母；6—定位销；7—夹具体

图 1-7　加工套筒零件钻床夹具

专用夹具装夹工件的特点：

（1）工件在夹具中定位迅速；

（2）工件通过预先在机床上调整好位置的夹具，相对机床占有正确位置；

（3）工件通过对刀、导引装置，相对刀具占有正确位置；

（4）对加工成批工件效率尤为显著。

对照图 1-7 可知采用夹具装夹方法，不需要进行划线就可把工件直接放入夹具中进行机械加工。工件的内孔与端面与夹具上定位元件相接触，这样就确定了工件在夹具中的位置，然后旋紧螺母通过压板把工件夹紧，完成工件的装夹过程。下一个工件进行加工时，夹具在机床上的位置不动，只需松开螺母进行装卸工件即可。

1.4 机床夹具的组成

各类机床夹具的结构不同，但一般是由定位元件、夹紧装置、夹具体和其他装置或元件组成的。

1. 定位元件

与工件定位基准（面）接触的元件，用来确定工件在夹具中的位置。可按工件定位基准的形状而采用不同的定位元件，如平面基准可用支承钉和支承板等，圆孔基准可用心轴、定位销和菱形销等，外圆柱面基准可用 V 形块和套筒等。如图 1-8 所示为钻后盖零件上 $\phi12$mm 孔的夹具，夹具上的圆柱销 5、菱形销 1 和支承板 6 都是定位元件，通过它们使工件在夹具中占据正确的位置。

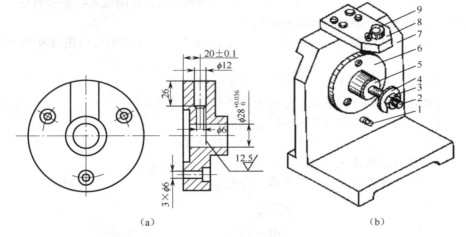

（a）　　　　　　　　　　　　　（b）

1—菱形销；2—螺杆；3—螺母；4—开口垫圈；5—圆柱销；6—支承板；7—夹具体；8—钻模板；9—钻套

图 1-8　钻孔夹具组成

2. 夹紧装置

夹紧装置的作用是保证工件在夹具中已定位好的正确位置，在加工过程中不因外力的影响而变化，使加工顺利进行。常用的夹紧方式有螺旋夹紧、偏心夹紧、斜楔夹紧、铰链夹紧和液性塑料夹紧，以及与压板组成的复合夹紧、联动夹紧等方式。夹紧装置一般由多个元件组合而成，如图 1-8 中由螺杆 2（与圆柱销合成的一个零件）、螺母 3 和开口垫圈 4 组成。

3. 导向、对刀元件

用于引导刀具或确定刀具与被加工面之间相互位置的元件。在钻模、镗模上用的称为导向元件，包括钻套、钻模板、镗套和镗模架等；在铣床、刨床夹具上用的称为对刀元件，包括对刀块和塞尺等。图 1-8 中的钻套 9 与钻模板 8 就是为了引导钻头而设置的导向装置；在铣床夹具中采用对刀块来确定刀具与工件的位置。

4．连接元件

用来确定夹具本身在机床的工作台或主轴上的位置，如定向键、带 U 形槽的耳座、车床夹具与机床主轴的连接部分。

5．夹具体

夹具体是夹具的基础件，起基本骨架作用，连接所有夹具元件。如图 1-8 中的件 7，通过它将夹具的所有部分连接成一个整体。

6．其他装置或元件

夹具除上述部分外，还有一些根据需要设置的其他装置或元件，如分度装置、靠模装置、上下料装置、工件顶出装置等；为方便大型工件准确定位，有的夹具还设置预定位装置；对于大型夹具，为方便搬运还设置吊装元件等。

以上所述是机床夹具的基本组成。对于一个具体的夹具，其组成可能多少有些变化，但定位、夹紧和夹具体这三个部分一般是不可缺少的。

夹具各组成部分与工艺系统（机床–刀具–工件–夹具）之间的关系如图 1-9 所示。从图中可以看出：

（1）工件通过定位元件在夹具上占有一个正确的位置；

（2）工件通过夹紧元件保证加工过程中始终保持原有的正确位置；

（3）夹具通过对刀元件相对刀具保持正确位置；

（4）夹具通过连接元件相对机床保持一个正确位置；

（5）夹具通过其他装置完成其他要求；

（6）夹具体把上述的几种元件组合成一个整体。

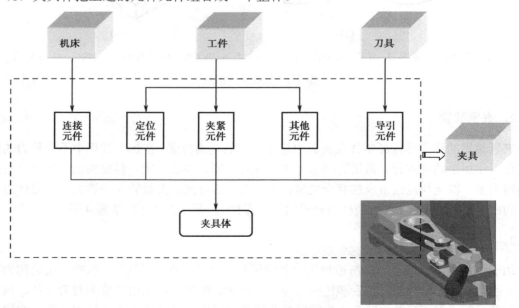

图 1-9　夹具组成元件在工艺系统中的位置

1.5 机床夹具的发展趋势

随着机械工业的迅速发展，对产品的品种和生产率提出了越来越高的要求，使多品种、中小批生产作为机械加工主流。据统计表明，目前中小批、多品种生产的工件品种已占工件种类总数的 85%左右。现代生产要求企业所制造的产品品种经常更新换代，以适应市场的需求与竞争。然而，一般企业仍习惯于大量采用传统的专用夹具，一般在具有中等生产能力的工厂里，约拥有数千甚至近万套专用夹具；另一方面，在多品种生产的企业中，每隔 3～4 年就要更新50%～80%的专用夹具，而夹具的实际磨损量仅为 10%～20%。特别是近年来，数控机床、加工中心、成组技术、柔性制造系统（FMS）等新加工技术的应用，对机床夹具提出了如下新的要求：

（1）能适用于精密加工的高精度机床夹具；

（2）能迅速而方便地装备新产品的投产，以缩短生产准备周期，降低生产成本；

（3）能装夹一组具有相似性特征的工件；

（4）能适用于各种现代化制造技术的新型机床夹具；

（5）提高机床夹具的标准化程度；

（6）采用以液压站等为动力源的高效夹紧装置，以进一步降低劳动强度和提高劳动生产率。

为了适应机械生产的这种发展趋势，必然对机床夹具提出更高的要求。目前对夹具的研究主要集中在标准化、精密化、高效化、柔性化几个方面。希望夹具设计能够操作方便，可以降低生产成本，适应不同零件的需要。在机床技术向高速、高效、精密、复合、智能等方向发展的带动下，夹具技术正朝着高精、高效、模块、组合、自动化和智能化等方向发展。

1．高精度

随着机床加工精度的提高，为了降低定位误差，提高加工精度，对夹具的制造精度要求更高。高精度夹具的定位孔距精度高达±5μm，夹具支承面的垂直度达到 0.01mm/300mm，平行度高达 0.01mm/500mm；用于精密分度的多齿盘，其分度精度可达±0.1″；精密平口钳的平行度和垂直度在 5μm 以内；夹具重复安装的定位精度高达±5μm；机床夹具的精度已提高到微米级，世界知名的夹具制造公司都是精密机械制造企业。当然，为了适应不同行业的需求和经济性，夹具有不同的型号，以及不同档次的精度标准供选择。

2．高效率

为了提高机床的生产效率，双面、四面和多件装夹的夹具产品越来越多。为了减少工件的安装时间，各种自动定心夹紧、气动和液压夹紧、快速夹紧等功能部件不断地推陈出新，新型的电控永磁夹具，夹紧和松开工件只用 1～2s；在铣床上使用电动虎钳装夹工件，效率可提高5 倍左右。此外，夹具结构的简化，为机床进行多工位、多面和多件加工创造了条件。为了缩短在机床上安装与调整夹具的时间，瑞典 3R 夹具仅用 1min，即可完成线切割机床夹具的安装与校正。

3．模块化、组合化

夹具元件模块化是实现组合化的基础。利用模块化设计的系列化、标准化夹具元件，快速组装成各种夹具，已成为夹具技术开发的基点。省工、省时、节材、节能，体现在各种先进夹具系统的创新之中。模块化设计为夹具的计算机辅助设计与组装打下基础，应用 CAD 技术，可建立元件库、典型夹具库、标准和用户使用档案库，进行夹具优化设计，为用户三维实体组装夹具，模拟仿真刀具的切削过程，既能为用户提供正确、合理的夹具与元件配套方案，又能积累使用经验，了解市场需求，不断地改进和完善夹具系统。组合夹具分会与华中科技大学合作，正在创建夹具专业技术网站，为夹具行业提供信息交流、夹具产品咨询与开发的公共平台，争取实现夹具设计与服务的通用化、远程信息化和经营电子商务化。

4．自动化、智能化

数控机床和加工中心的普遍使用，使得加工工序趋于集中，从一个面的加工改换到另一个面的加工时，刀具很容易与定位或夹紧装置发生干涉和碰撞，这就需要在加工完一个工步后将定位支承或压板移开，而另一些定位支承或压板则启动工作，这些都需要夹具在加工过程中自动完成。

加工中心的工作台受封闭加工的限制，复杂的加工过程中容易发生意外，就对夹具提出了更高的要求，在紧急情况下能感知而避免事故，这就需要智能化夹具。

下面简单介绍几种现代机床夹具。

1.5.1 成组夹具

成组夹具是成组工艺中为一组零件的某一工序而专门设计的夹具。

成组夹具加工的零件组都应符合成组工艺的相似原则，相似原则主要包括以下内容：工艺相似，装夹表面相似，形状相似，尺寸相似，材料相似，精度相似。图 1-10 所示为加工拨叉叉部圆弧面及其一端面的成组工艺零件组，它符合成组工艺的相似性原则。

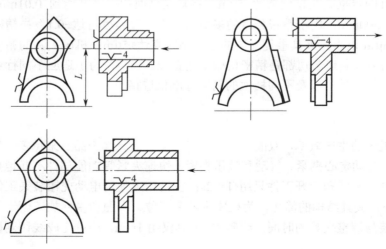

图 1-10　拨叉车圆弧和端面零件组

加工该零件组的成组车床夹具如图 1-11 所示，两件同时加工。夹具体 1 上有四对定位套 2（定位孔为 $\phi6H7$），可用来安装四种可换定位轴 KH1，用来加工四种中心距 L 不同的零件。若将可换定位轴安装在 C—C 剖面的 T 形槽内，则可加工中心距 L 在一定范围内变化的各种零件。可换钻套 KH2 及压板 KH3 按零件叉部的高度 H 选用更换，并固定在两定位轴连线垂直的 T 形槽内，用于防转定位及辅助夹紧。

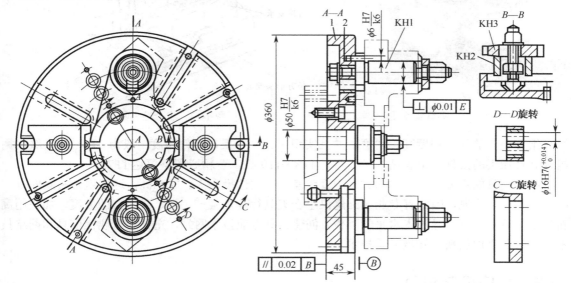

1—夹具体；2—定位套；KH1—定位轴；KH2—可换钻套；KH3—压板

图 1-11　成组车床夹具

成组夹具的设计原理与专用夹具相似，首先确定一个"复合零件"，该零件能代表组内零件的主要特征，然后针对"复合零件"设计夹具，并根据组内零件加工范围，设计可调整件和可更换件，应使调整方便、更换迅速、结构简单。由于成组夹具能形成批量生产，因此可以采用高效夹紧装置，如各种气动和液压装置。

1.5.2　组合夹具

这种夹具是在夹具零部件完全标准化的基础上，根据积木化原理，针对不同的工件对象和加工要求，拼装组合而成的夹具。夹具用完后可进行拆卸，留待组装新的夹具。它主要用于单件、中小批多品种生产和数控加工中，是一种较经济的夹具。目前已基本普及，各城市及各大工厂均有自己的组合夹具站，图 1-12 所示为组合夹具的实物图。

组合夹具由一套预先制造好的不同形状、不同规格、不同尺寸的标准元件及合件组装而成，其构成要件的三维图如图 1-13 所示。

组合夹具一般是为某一工件的某一工序组装的专用夹具，也可以组装成通用可调夹具或成组夹具。组合夹具适用于各类机床。

组合夹具把专用夹具的设计、制造、使用、报废的单向过程变为组装、扩散、清洗入库、再组装的循环过程。可用几小时的组装代替几个月的设计制造周期，从而缩短生产周期；节省工时和材料，降低生产成本；还可减小夹具库房面积，有利于管理。

图 1-12　组合夹具实物图

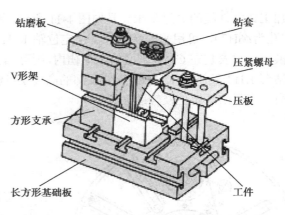

图 1-13　组合钻夹具

组合夹具的元件精度高、耐磨，并且实现了完全互换，元件精度一般为 IT6～IT7 级。用组合夹具加工的工件，位置精度一般可达 IT8～IT9 级，若精心调整可达 IT7 级。

组合夹具的主要缺点是体积大、刚度较差、一次性投资大、成本高。这使组合夹具的推广应用受到一定限制，因此有专业人士建议组合夹具行业加强产、学、研协作的力度，加快用高新技术改造和提升夹具技术水平的步伐，创建夹具专业技术网站，充分利用现代信息和网络技术，与时俱进地创新和发展夹具技术。

1.5.3　数控机床夹具

在现代自动化生产中，数控机床的应用已越来越广泛。数控机床加工时，刀具或工作台的运动是由程序控制，按一定坐标位置进行的。数控机床夹具在数控机床上相对机床的坐标原点具有严格的坐标位置，以保证所装夹的工件处于所规定的坐标位置上。为此，数控机床夹具常采用网格状的固定基础板，如图 1-14 所示。它长期固定在数控机床工作台上，板上已加工出有准确孔心距位置的一组定位孔和一组紧固螺孔（也有定位孔与螺孔同轴布置形式），它们成网格分布。

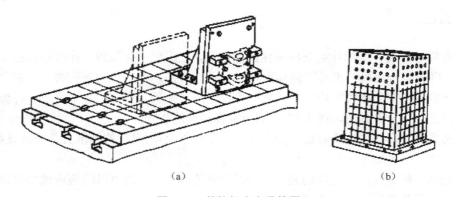

（a）　　　　　　　　　　　　（b）

图 1-14　数控机床夹具简图

网格状基础板预先调整好相对数控机床的坐标位置，利用基础板上的定位孔可装各种夹具，如图 1-14（a）上的角铁支架式夹具。角铁支架上也有相应的网格状分布的定位孔和紧固螺孔，以便安装有关可换定位元件和其他组件，以适应相似零件的加工。当加工对象变换品种时，只需更换相应的角铁式夹具便可迅速转换为新零件的加工。图 1-14（b）所示是立方固定基础板。它安装在数控机床工作台的转台上，其四面都有网格分布的定位孔和紧固螺孔，上面可安装各类夹具的底板。当加工对象变换时，只需转台转位，便可迅速转换成加工新零件用的夹具，使用方便。

数控机床夹具首先要满足机械加工时对工件的装夹要求，同时，数控加工的夹具还有它本身的特点。

（1）数控加工适用于多品种、中小批量生产，为了能装夹不同尺寸、不同形状的多品种工件，数控加工的夹具应具有柔性，经过适当调整即可夹持多种形状和尺寸的工件。

（2）传统的专用夹具具有定位、夹紧、导向和对刀四种功能，而数控机床上一般都配备有接触式测头、刀具预调仪及对刀部件等设备，可以由机床解决对刀问题。数控机床上由程序控制的准确的定位精度，可实现夹具中的刀具导向功能。因此数控加工中的夹具一般不需要导向和对刀功能，只要求具有定位和夹紧功能，就能满足使用要求，这样可简化夹具的结构。

（3）为适应数控加工的高效率，数控加工夹具应尽可能使用气动、液压、电动等自动夹紧装置快速夹紧，以缩短辅助时间。

（4）夹具本身应有足够的刚度，以适应大切削用量切削。数控加工具有工序集中的特点，在工件的一次装夹中既要进行切削力很大的粗加工，又要进行达到工件最终精度要求的精加工，因此夹具的刚度和夹紧力都要满足大切削力的要求。

（5）为适应数控多面加工，要避免夹具结构包括夹具上的组件对刀具运动轨迹的干涉，夹具结构不要妨碍刀具对工件各部位的多面加工。

（6）夹具的定位要可靠，定位元件应具有较高的定位精度，定位部位应便于清屑，无切屑积留。如果工件的定位面偏小，可考虑增设工艺凸台或辅助基准。

（7）对刚度小的工件，应保证最小的夹紧变形，如使夹紧点靠近支承点，避免把夹紧力作用在工件的中空区域等。当粗加工和精加工同在一个工序内完成时，如果上述措施不能把工件变形控制在加工精度要求的范围内，应在精加工前使程序暂停，让操作者在粗加工后、精加工前变换夹紧力（适当减小），以减小夹紧变形对加工精度的影响。

图 1-15 所示就是在加工中心上加工油泵壳体的数控夹具实例图。

数控机床夹具设计时应注意以下几点：

（1）数控机床夹具上应设置原点（对刀点）。

（2）数控机床夹具无须设置刀具导向装置。这是因为数控机床加工时，机床、夹具、刀具和工件始终保持严格的坐标关系，刀具与工件间无须导向元件来确定位置。

（3）数控机床上常需在几个方向上对工件进行加工，因此数控机床夹具应是敞开式的。

（4）数控机床上应尽量选用可调夹具、拼装夹具和组合夹具。因为数控机床上加工的工件常是单件小批生产，必须采用柔性好、准备时间短的夹具。

（5）数控机床夹具的夹紧应牢固可靠、操作方便。夹紧元件的位置应固定不变，防止在自动加工过程中元件与刀具相碰。

图 1-15　加工油泵壳体的数控夹具

习　题

1.1　什么是机床夹具？其作用是什么？有哪些要求？

1.2　试结合图 1-16 所示说明机床夹具的组成。

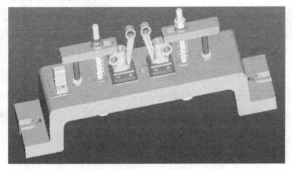

图 1-16　夹具三维图

1.3　常用机床夹具有哪几类？

1.4　可调夹具与组合夹具分别有何特点？

1.5　简介现代机床夹具的发展方向。

1.6　结合《数控技术》等课程，谈谈你对数控夹具的理解。

第 2 章

定位原理及定位元件

本章学习的目标

理解"六点定位原理"及其应用；
掌握常用的定位方式，学会选择定位元件和装置；
掌握定位误差的分析与计算。

重点与难点

满足加工要求必须限制工件的哪些自由度；
定位机构的设计；
工件定位误差分析。

2.1 工件定位的基本原理

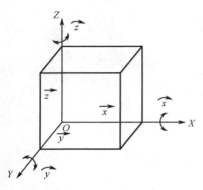

图 2-1　物体的六个自由度

所谓自由度，即空间位置的不确定性。一个位于空间自由状态的物体，对于空间直角坐标系来说，具有六个自由度：三个位移自由度和三个旋转自由度，如图 2-1 所示。

刚体（工件）沿 X 轴方向的运动 $\vec{x}$，刚体（工件）绕 X 轴方向的回转 $\hat{x}$；

刚体（工件）沿 Y 轴方向的运动 $\vec{y}$，刚体（工件）绕 Y 轴方向的回转 $\hat{y}$；

刚体（工件）沿 Z 轴方向的运动 $\vec{z}$，刚体（工件）绕 Z 轴方向的回转 $\hat{z}$。

工件定位目的是使工件在机床上（或夹具中）占有正确的位置，也就是使它相对于刀具刀刃有正确的相对位置。假定工件也是一个刚体，要使工件在机床上（或夹具中）完全定位，就必须限制它在空间的六个自由度。

2.1.1　六点定位原理

要使工件沿某方向的位置确定，就必须限制该方向的自由度。当工件的六个自由度在夹具中都被限定时，工件在夹具中的位置就被完全确定了。用来限制工件自由度的固定点称为支承点。

这种用六个约束按一定规律将工件在机床或夹具中的位置完全确定的方法称为六点定位原理。这里用的六个支承点必须与工件始终保持接触，脱离接触就要失掉约束。

实现的方法是：用适当分布的六个支承点来限制工件的六个自由度，如图 2-2 所示，工件以 A、B、C 三个平面为定位基准，底面 A 紧贴在支承点 1、2、3 上，限制了 $\vec{z}$、$\hat{x}$、$\hat{y}$ 三个自由度，侧面 B 紧贴在 4、5 支承点上，限制了 $\vec{x}$、$\hat{z}$ 两个自由度，端面 C 紧贴在支承点 6 上，限制了 $\vec{y}$ 自由度，这样六个支承点就限制了工件全部的自由度。

应用六点定位原理时，应注意的主要问题是：

（1）支承点分布必须适当，否则六个支承点限制不了工件的六个自由度。

（2）工件定位面与夹具的定位元件的工作面保持接触。

（3）工件定位后，要用夹紧装置将工件紧固。

（4）定位支承点所限制的自由度名称，通常可按定位接触处的形态确定。

（5）定位支承点是定位元件抽象而来的。

定位与夹紧的关系是：

若工件脱离定位支承点而失去了定位，这是由于工件还没有夹紧的缘故。因此，定位是使工件占有一个正确的位置，夹紧才使它不能移动和转动，把工件保持在一个正确的位置，所以定位与夹紧是两个概念，绝不能混淆。

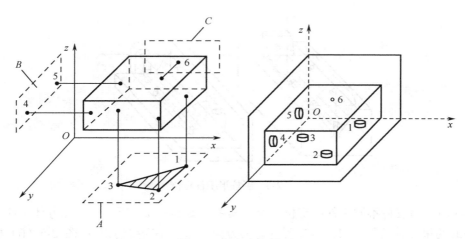

图 2-2　六点定位原理

工件的最终精度是由零件相对于机床获得的。所以"定位"也涉及到三层关系：工件在夹具上的定位，夹具相对于机床的定位，而工件相对于机床的定位是间接通过夹具来保证的。工件定位以后必须通过一定的装置产生夹紧力把工件固定，使工件保持在准确定位的位置上，否则，在加工过程中会因受切削力、惯性力等力的作用而发生位置变化或引起振动，破坏了原来的准确定位，无法保证加工要求。

2.1.2　六点定位原理的应用

图 2-3（a）所示是圆盘类零件空间位置图，将该零件进行定位时，可将六点按图 2-3（b）所示布置：在 xOy 面布置三点，约束 $\vec{z}$、$\widehat{x}$、$\widehat{y}$；在侧面布置一点，约束 $\vec{x}$；在后面布置一点，约束 $\vec{y}$；在前面槽内布置一点，约束 $\widehat{z}$。这样圆盘的六个自由度全部被约束，工件在机床或夹具的位置就被确定了。

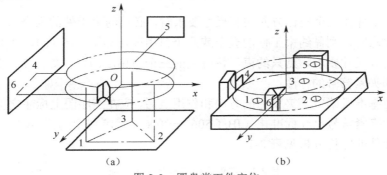

（a）　　　　　　　　　　　（b）

图 2-3　圆盘类工件定位

如图 2-4 所示为圆柱形工件，这时可将六点按图示布置：在 V 形块两侧和角铁两侧各布置两点，约束 $\vec{z}$、$\widehat{z}$、$\vec{x}$、$\widehat{x}$；在后面布置一点，约束 $\vec{y}$；在圆柱槽内布置一点，约束 $\widehat{y}$。这样圆柱的六个自由度全部被约束，工件在机床或夹具的位置就被确定了。

工件在机床或夹具上的定位，不一定都需要用六个支承点来约束工件的六个自由度，是否需要，应视工件的具体结构形状和加工需要而定。

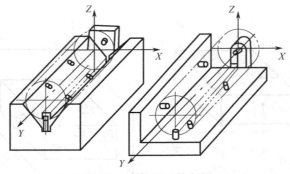

图 2-4　圆柱形工件定位

图 2-5 所示为三种不同工件的定位情况。其中，图 2-5（a）所示是在立方体工件上铣一个通槽，在此约束工件的五个自由度即可（走刀方向的移动不需要约束）；图 2-5（b）所示是用 V 形块定位的，在轴上铣一直通键槽，这里只约束工件的四个自由度即可（一个走刀方向的移动和一个绕工件轴的转动不需要约束）；图 2-5（c）所示是在平面磨床上磨削工件上表面，在这里仅约束了工件的三个自由度（一个绕工件安装面垂直的轴的转动和两个走刀方向的移动未约束）。上述三种情况，从定位的观点看来，工件分别被约束了 5、4、3 个自由度——其对应的定位元件相当于 5、4、3 个支承点，此时工件的位置虽未被准确确定，但在加工的过程中，由于未被确定的自由度与被加工工件的位置尺寸无关，通过对工件的夹紧，仍能保证相关的工序尺寸。

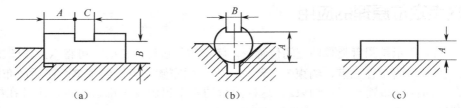

| (a) | (b) | (c) |

图 2-5　应控制的自由度数目

一般来说，工件在三个坐标方向均有尺寸要求时，必须约束工件的六个自由度；工件在两个方向有尺寸要求时，则需约束工件的五个或四个自由度，如图 2-5（a），（b）所示；如果工件只在一个方向有尺寸要求，则只约束工件有关的三个自由度即可，如图 2-5（c）所示。

定位符号和夹紧符号的标注：

在选定定位基准及确定了夹紧力的方向和作用点后，应在工序图上标注定位符号和夹紧符号。定位符号和夹紧符号已经标准化（JB/T 5061—2006），可参看附录表 A-1。

典型定位元件的定位分析见表 2-1。

表 2-1　典型定位元件的定位分析

工件的定位面		夹具的定位元件			
		定位情况	短圆柱销	长圆柱销	两段短圆柱销
圆孔	圆柱销	图　示			
		限制的自由度	$\vec{y}\ \vec{z}$	$\vec{y}\ \vec{z}\ \hat{y}\ \hat{z}$	$\vec{y}\ \vec{z}\ \hat{y}\ \hat{z}$

续表

工件的定位面		夹具的定位元件			
圆 孔	圆锥销	定位情况	菱形销	长销小平面组合	短销大平面组合
		图　示	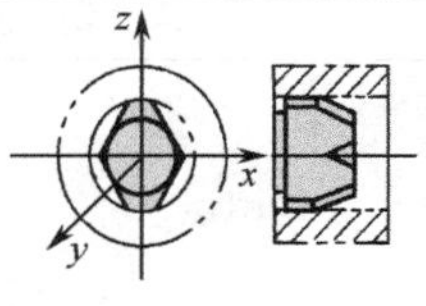	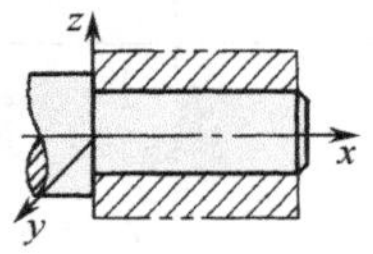	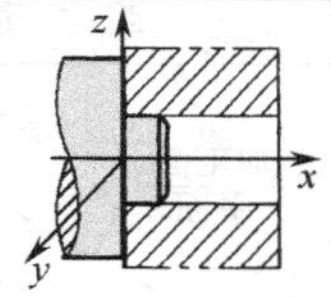
		限制的自由度	$\vec{z}$	$\vec{x}\ \vec{y}\ \vec{z}\ \hat{y}\ \hat{z}$	$\vec{x}\ \vec{y}\ \vec{z}\ \hat{y}\ \hat{z}$
		定位情况	固定锥销	浮动锥销	固定锥销与浮动锥销组合
		图　示	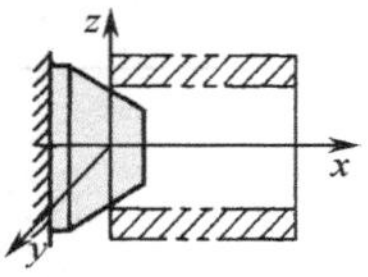	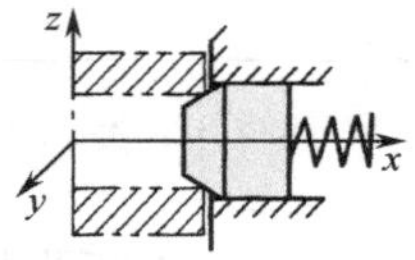	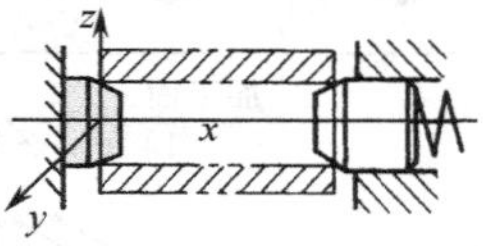
		限制的自由度	$\vec{x}\ \vec{y}\ \vec{z}$	$\vec{y}\ \vec{z}$	$\vec{x}\ \vec{y}\ \vec{z}\ \hat{y}\ \hat{z}$
	心 轴	定位情况	长圆柱心轴	短圆柱心轴	小锥度心轴
		图　示	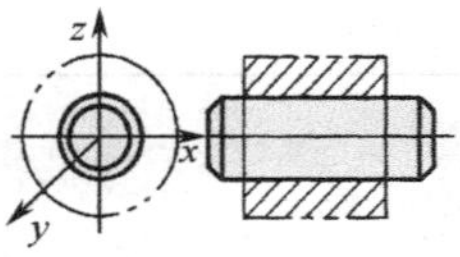	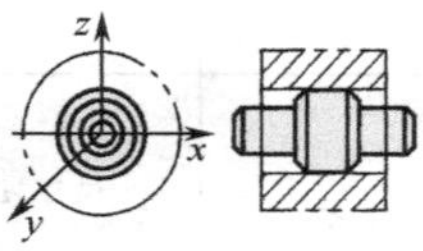	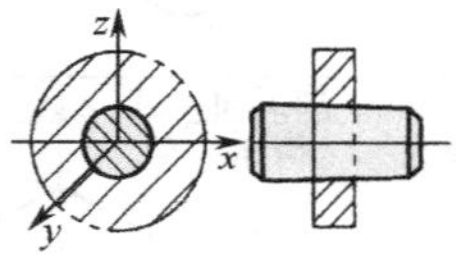
		限制的自由度	$\vec{x}\ \vec{z}\ \hat{x}\ \hat{z}$	$\vec{x}\ \vec{z}$	$\vec{x}\ \vec{z}$
外圆柱面	V 形 块	定位情况	一块短 V 形块	两块短 V 形块	一块长 V 形块
		图　示	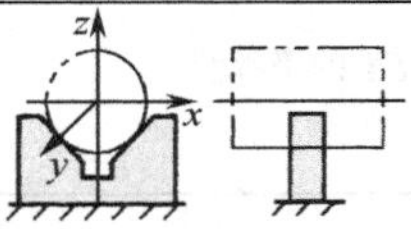	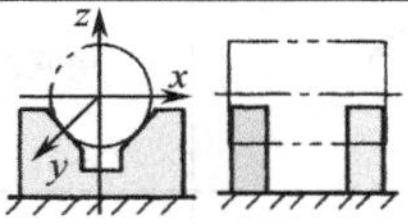	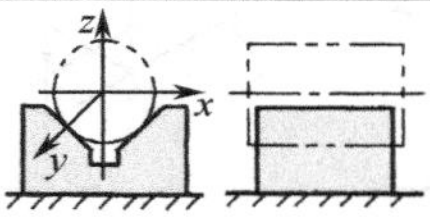
		限制的自由度	$\vec{x}\ \vec{z}$	$\vec{x}\ \vec{z}\ \hat{x}\ \hat{z}$	$\vec{x}\ \vec{z}\ \hat{x}\ \hat{z}$
	定 位 套	定位情况	一个短定位套	两个短定位套	一个长定位套
		图　示	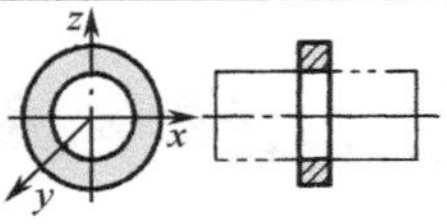	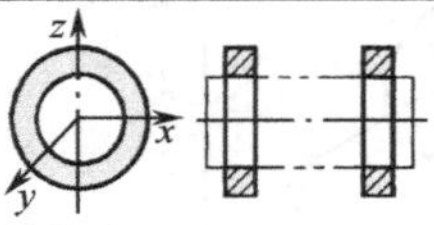	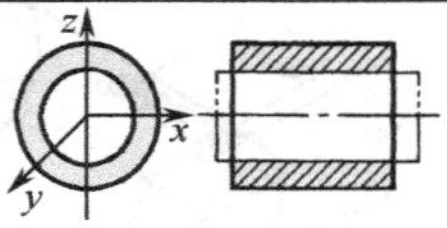
		限制的自由度	$\vec{x}\ \vec{z}$	$\vec{x}\ \vec{z}\ \hat{x}\ \hat{z}$	$\vec{x}\ \vec{z}\ \hat{x}\ \hat{z}$

　　把定位元件抽象地转化为相应的定位支承点，分析其限制工件在空间的自由度时应搞清以下几个概念：

　　（1）不使工件在外力作用下脱离支承点而失去定位。定位不考虑力的影响，工件在某一坐标方向上的自由度被限制，是指工件定位后在该坐标方向上有确定的位置，而不是指工件在受到使工件脱离支承点的外力时不能运动。

　　（2）反过来讲，夹紧不等于定位，随意夹紧好的工件不能动，但它的位置是不确定的。

　　（3）六点定位原则也适用于其他形状的工件，只是定位点的分布形式有所不同。

　　（4）定位与定位误差的关系如下。

　　定位：解决的是定与不定的问题；

　　定位误差：解决的是定位精度的问题。

表 2-2 所示为满足工件的加工要求所必须限制的自由度。

表 2-2　满足工件加工要求必须限制的自由度

工 序 简 图	加 工 要 求	必须限制的自由度
加工面（平面）	1. 尺寸 A 2. 加工面与底面的平行度	$\vec{z}$、$\hat{x}$、$\hat{y}$
加工面（平面）	1. 尺寸 A 2. 加工面与下母线的平行度	$\vec{z}$、$\hat{x}$
加工面（槽面）	1. 尺寸 A 2. 尺寸 B 3. 尺寸 L 4. 槽侧面与 N 面的平行度 5. 槽底面与 M 面的平行度	$\vec{x}$、$\vec{y}$、$\vec{z}$ $\hat{x}$、$\hat{y}$、$\hat{z}$
加工面（键槽）	1. 尺寸 A 2. 尺寸 L 3. 槽与圆柱轴线平行并对称	$\vec{x}$、$\vec{y}$、$\vec{z}$ $\hat{x}$、$\hat{z}$

加工面（圆孔）	1. 尺寸 B 2. 尺寸 L 3. 孔轴线与底面的垂直度	通孔	$\vec{x}$、$\vec{y}$ $\hat{x}$、$\hat{y}$、$\hat{z}$
		不通孔	$\vec{x}$、$\vec{y}$、$\vec{z}$ $\hat{x}$、$\hat{y}$、$\hat{z}$

工序简图	加工要求		必须限制的自由度
加工面（圆孔） Z / O / Y / X	1. 孔与外圆柱面的同轴度 2. 孔轴线与底面的垂直度	通孔	$\vec{x}$、$\vec{y}$ $\hat{x}$、$\hat{y}$
		不通孔	$\vec{x}$、$\vec{y}$、$\vec{z}$ $\hat{x}$、$\hat{y}$
加工面（圆孔） Z / R R / O / Y / X	1. 尺寸 R 2. 以圆柱轴线为对称轴，两孔对称 3. 两孔轴线垂直于底面	通孔	$\vec{x}$、$\vec{y}$ $\hat{x}$、$\hat{y}$
		不通孔	$\vec{x}$、$\vec{y}$、$\vec{z}$ $\hat{x}$、$\hat{y}$

2.1.3　完全定位和不完全定位

完全定位：全部限定工件的六个自由度。不完全定位：至少有一个自由度未被限制。

是否所有的工件加工时在夹具中都必须完全定位呢？不一定。究竟应该限制哪几个自由度，需要根据零件的具体加工要求来定。因我们讨论的是调整法定程切削加工，即刀具或工作台的行程调整至规定的距离为止，这样，在哪一个方向上有尺寸要求，就必须限制与此尺寸方向有关的自由度，否则用定程切削，就得不到该工序所要求的加工尺寸。

在图 2-6（a）所示的工件上铣键槽，在沿 X、Y、Z 三个轴的移动和转动方向上都有尺寸要求，所以加工时必须将全部六个自由度限制。

图 2-6（b）所示为在工件上铣台阶面，因为在 Y 轴方向没有尺寸要求，因此只要限制五个自由度就够了。

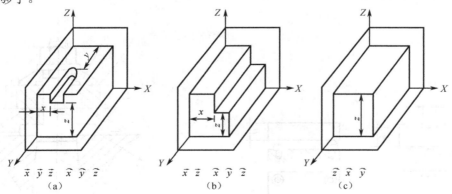

图 2-6　工件应限制自由度的确定

图 2-6（c）所示为工件铣上平面，它只需保持高度尺寸 z，只要在工件底面上限制三个自由度就已足够，这也是"不完全定位"。

因此，不需完全定位的加工工序中，采用完全定位固然可以，但它增加了夹具的复杂程度。在机械加工中，一般为了简化夹具的定位元件结构，只要对影响本工序的加工尺寸的自由度加以限制即可。

2.1.4 过定位与欠定位

工件的定位支承点少于应限制的自由度数时，会造成什么后果？

结果是应限制的自由度未被限制，导致加工时达不到要求的加工精度，这属于欠定位的情况。欠定位就是加工中，工件定位点数少于应限制的自由度数，会产生不良后果。

过定位：工件的某个自由度被限制两次以上。过定位一般会造成如下不良影响：

（1）使接触点不稳定，增加了同批工件在夹具中位置的不统一性；

（2）增加了工件和夹具的夹紧变形；

（3）导致部分工件不能顺利与定位元件定位；

（4）干扰了设计意图的实现。

在实际加工过程中，欠定位会使工件定位不稳定，应该绝对避免。过定位对粗基准定位加工也同样不稳定，应慎重使用。但对精基准定位，应视情况而论。过定位在一定条件下允许使用，这主要是因为随着制造精度的提高，过定位的影响将变小，而且增大接触面积，增加刚度，则是其优点。

图 2-7 所示为两个六面体工件，图 2-7（a）是在上面铣通槽 C，其位置尺寸 A 和槽距底面深为 B，为保证其位置尺寸要求，而采用图示定位方式，图中左边一个定位点只约束 $\bar{x}$；下面三个定位点约束 $\bar{z}$、$\hat{x}$、$\hat{y}$，因此保证不了槽 C 与侧面的平行，$\bar{z}$ 自由度未约束住，因此属于欠定位。图 2-7（b）中只有高度尺寸 B，采用的定位方式是底面上用四个定位点，仅约束了工件的三个自由度 $\bar{z}$、$\hat{x}$、$\hat{y}$，多用了一个定位点，是过定位，但加强了定位的稳定性。

如图 2-8 所示为滚、插齿时常用的夹具。齿轮插齿时用心轴 1 与齿轮内孔和端面定位，用压板 4 和支承凸台 2 压紧齿轮。显然，这是用七个支承点约束齿轮的五个自由度，其中 $\hat{x}$、$\hat{y}$ 重复，是过定位。但由于齿坯孔与端面的垂直度较高，虽然是过定位，但不会引起装夹不正或心轴弯曲变形等，这种过定位是允许使用的。

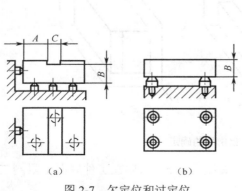

（a）　　　　　　　　　（b）

图 2-7　欠定位和过定位

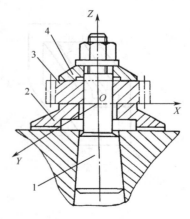

1—心轴；2—支承凸台；3—工件；4—压板

图 2-8　滚、插齿时工件的过定位

　　上例说明当工件的一个或几个自由度被重复限制时，仍能满足加工要求，这种不会产生有害影响，反而能增强工件装夹刚度的定位，即为可用重复定位。因此，若合理采用过定位，不仅不会影响零件的加工，反而有利于提高加工精度。

【例2-1】 连杆定位分析。

　　如图2-9（a）所示为加工连杆小头孔的定位方案，平面支承2限制$\bar{z}$、$\hat{x}$、$\hat{y}$三个自由度，短圆柱销1限制$\bar{x}$、$\bar{y}$两个自由度，挡销3限制$\bar{z}$一个自由度，从而实现完全定位。若将销1改成长圆柱销1′（见图2-9（b）），因其限制工件的$\bar{x}$、$\bar{y}$、$\hat{x}$、$\hat{y}$四个自由度，从而引起$\hat{x}$、$\hat{y}$两个自由度被重复限制形成过定位，造成工件定位时的不确定情况。更严重的后果是发生在施加夹紧力后，使连杆产生弹性变形，过定位的不良后果如图2-7（c）所示，加工完毕松开夹紧力后，工件变形恢复，就形成加工表面严重的位置或形状误差。

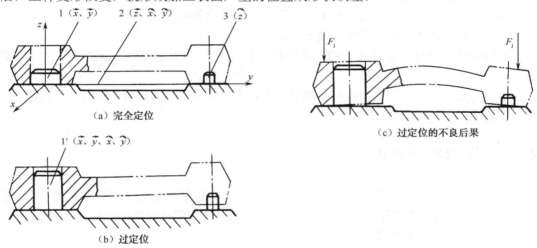

（a）完全定位　　（c）过定位的不良后果　　（b）过定位

1—短圆柱销；1′—长圆柱销；2—平面支承；3—挡销

图2-9　连杆定位分析

　　实际生产中，在采取适当工艺措施的情况下，可利用过定位来提高定位刚度，这就是过定位的合理应用。仍以图2-9为例来说明，若连杆大头孔与端面的垂直度误差很小，长销与台阶面的垂直度误差也很小，此时就可利用大头孔与长销的配合间隙来补偿这种较小的垂直度误差，并不致引起相互干涉仍能保证连杆端面与平面支承可靠接触，就不会产生图2-9（b）所示的定位不确定情况，也不会造成图2-9（c）所示夹紧后的严重变形，因而是允许采用的。采用这种方式定位由于整个端面接触，增强了切削时的刚度和定位稳定性，而且用长圆柱销定位大头孔，有利于保证被加工孔相对大头孔轴线的平行。

　　在六点定位中，支承点布置不合理也将产生过定位或欠定位，如三支承点在一条线上，欠定位。因此，精加工中以一个精确平面代替三个支承点，刚度好，振动小，有利于提高精度。

　　思考：

　　（1）不完全定位就是欠定位吗？

　　（2）过定位不一定就是完全定位吗？

　　（3）多于六个定位点的定位一定是过定位吗？

2.2 定位方式及定位元件

夹具定位元件是确定工件位置的元件，且经常与工件定位基面接触，定位元件的设计制造应满足以下要求。

（1）足够的精度。定位元件应具有较高的制造精度，以保证工件的定位精度。

（2）良好的耐磨性。由于定位元件的工作表面经常与工件接触和摩擦，容易磨损，为此，要求定位元件工作表面的耐磨性要好，以保证使用寿命和定位精度。

（3）足够的强度和刚度。定位元件在受工件重力、夹紧力和切削力的作用时，不应变形和损坏，因此，要求定位元件有足够的刚度和强度，否则会影响工件定位精度。

（4）良好的工艺性。定位元件应便于制造、装配和维修。

（5）便于清除切屑。定位元件的工作表面形状应有利于清除切屑，以防切屑嵌入而影响精度。

常用定位元件可按工件典型定位基准面分为：用于平面定位的，用于外圆柱面定位的，用于孔定位的。

2.2.1 工件以平面定位

在机械加工中，利用工件上的一个或几个平面作为定位基准来定位工件的方式，称为平面定位。例如箱体、支架类零件等，常以平面为定位基准。平面定位常用的定位元件有固定支承、可调支承、浮动支承和辅助支承。

1．固定支承

固定支承是指高度尺寸固定，不能调整的支承，包括固定支承钉和固定支承板两类。

1）支承钉（GB/T 2226—1991）

一个支承钉相当于一个支承点，限制一个自由度；在一个平面内，两个支承钉限制两个自由度；不在同一直线上的三个支承钉限制三个自由度。

常用支承钉的结构形式如图 2-10 所示。当工件以加工过的平面定位时，可采用图 2-10（a）所示的平头支承钉，可减少磨损，避免压坏定位表面；当工件以粗糙不平的毛坯面定位时，采用图 2-10（b）所示的球头支承钉，容易保证它与工件定位基准面间的点接触，位置相对稳定，但容易磨损；图 2-10（c）所示的齿纹头支承钉可用在工件的侧面，能增大摩擦系数，防止工件滑动，但网槽中的切屑不易清除，常用在工件以粗基准定位且要求产生较大摩擦力的侧面定位场合。

支承钉的尾柄与夹具体上的基准孔为过盈配合，多选为 H7/n6 或 H7/m6。

2）支承板（GB/T 2236—1991）

工件以精基准面定位时，除采用上述平头支承钉外，还常用图 2-11 所示的支承板作为定位元件。图 2-11（a）所示的为 A 型支承板，结构简单，便于制造，但不利于清除切屑，故适用于顶面和侧面定位；图 2-11（b）所示的为 B 型支承板，易保证工件表面清洁，故适用于底面定位。夹具装配时，为使几个支承钉或支承板严格共面，装配后需将其工作表面一次磨平，从而保证各定位表面的等高性。

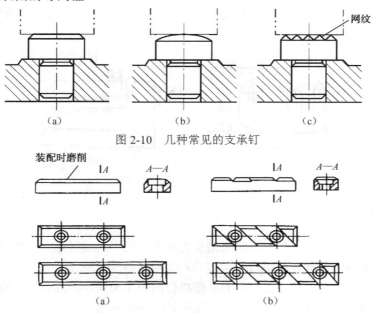

图 2-10　几种常见的支承钉

图 2-11　支承板

支承板常用于大、中型零件的精基准定位。图 2-11（b）与图 2-11（a）相比，其优点是容易清理切屑。

对于直径 $D<12mm$ 和 $D=12mm$ 的支承钉和小型支承板，可用 T8A 钢，淬火处理，硬度为 $55\sim60HRC$；对于 $D>12mm$ 和较大的支承板，一般采用 20 钢，渗碳淬火，硬度为 $60\sim64HRC$。

2．可调支承（GB/T 2227—1991、GB/T 2230—1991）

在工件定位过程中，支承钉的高度需要调整时，采用图 2-12 所示的可调支承。可调支承多用于支承工件的粗基准面，支承高度可根据需要进行调整，调整到位后用螺母锁紧。一个可调支承限制一个自由度。

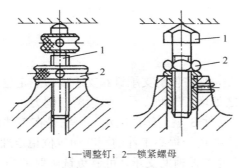

1—调整钉；2—锁紧螺母

图 2-12　可调支承

在加工图 2-13（a）中所示的工件时，一般先铣 B 面，再以 B 面为基准镗双孔。为了保证镗孔工序有足够和均匀的余量，最好先以毛坯孔为粗基准，但装夹不太方便。此时可将 A 面置于调节支承上，通过调整调节支承的高度来保证 B 面与两毛坯中心的距离尺寸 H_1、H_2。对于毛坯尺寸比较准确的小型工件，有时每批仅调整一次，这样对于一批工件来说，调节支承即相当于固定支承，在同一夹具上加工形状相似而尺寸不等的工件时，也常采用调节支承。如图 2-13（b）所示，在轴上钻径向孔。对于孔至端面的距离不等的几种工件，只要调整支承钉的伸出长度，该夹具都可适用。

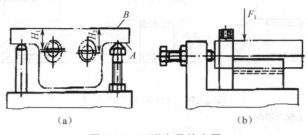

图 2-13　可调支承的应用

3．浮动支承

对刚性差、尺寸较大的工件，有时为增加支承点，又不造成过定位，常采用浮动支承。浮动支承是指支承本身的位置在定位过程中能自动适应工件定位基准面位置变化的一类支承。自位支承能增加与工作定位面的接触点数目，使单位面积压力减小，故多用于刚度不足的毛坯表面或不连续平面的定位。浮动支承件只约束工件的一个自由度。

图 2-14（a）所示用于有基准角度误差的平面定位；图 2-14（b），（c）所示用于毛坯表面、断续平面和阶梯平面的定位。其中，图 2-14（b）所示是杠杆式浮动支承，两点接触起一个支点的作用；图 2-14（c）所示是组合杠杆式浮动支承。

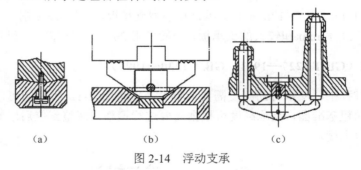

图 2-14　浮动支承

4．辅助支承

若工件形状复杂或刚性差，则在使用支承钉和支承板做主定位后，其稳定性和定位刚性不足时，就要在工件刚性不足之处增设辅助支承，以缓解切削力、夹紧力及加工时的振动，减小工件的变形。在图 2-15 中，元件 3 就是辅助支承。因它是在工件定位后才参与支承的元件，故辅助支承不限制自由度，主要用于提高工件的刚度和定位稳定性。

图 2-16 所示在靠近铣刀处增设辅助支承，可避免铣削时的振动，提高定位及加工的稳定性。值得注意的是：无论采用哪种形式的辅助支承，它都不起定位作用，因此它不限制工件的自由度。

图 2-17 所示为部分辅助支承的典型结构。图 2-17（a），（b）所示是螺旋式辅助支承，结构简单，易顶起工件，用限力扳手逐个调整，效率低，常用于单件小批量生产中。其结构与可调支承相近，但操作过程不同，辅助支承不用螺母锁紧，前者不起定位作用，而后者起定位作

用。图 2-17（c）所示是自动调节支承（GB/T 2238—1991），支承钉 1 受到下端弹簧 3 的推力作用与工件接触，当工件定位夹紧后，回转手柄 4，通过锁紧螺钉 5 和斜面顶柱 6 将支承钉 1 锁紧。它的效率高，因 $\tan\alpha < f$，可以保证自锁。

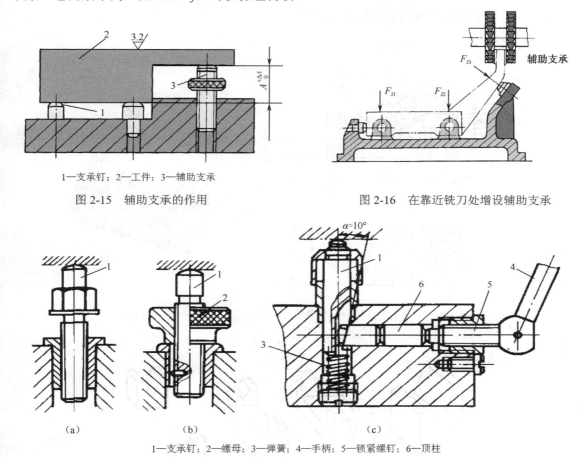

1—支承钉；2—工件；3—辅助支承

图 2-15 辅助支承的作用　　　　　　　　图 2-16 在靠近铣刀处增设辅助支承

（a）　　　　　　　　（b）　　　　　　　　（c）

1—支承钉；2—螺母；3—弹簧；4—手柄；5—锁紧螺钉；6—顶柱

图 2-17 辅助支承的典型结构

2.2.2 工件以外圆定位

工件以外圆柱面作为定位基准时，根据外圆柱面的完整程度、加工要求和安装方式，可以在 V 形块、定位套筒、半圆孔中定位。其中最常用的是在 V 形块上定位。

1．V 形块（GB/T 2208—1991）

V 形块上两斜面间的夹角一般选用 60°、90° 和 120°，其中以 90° 应用最多，其典型结构和尺寸均已标准化，设计时可查国家标准手册。

设计非标准 V 形块时，可参考图 2-18 所示的有关尺寸进行计算。

V 形块的材料一般用 20 钢，渗碳深 0.8～1.2mm，淬火硬度为 60～64HRC。

V 形块有固定式（GB/T 2209—1991）和活动式（GB/T 2211—1991）等。图 2-19 所示为常用固定式 V 形块。根据工件与 V 形块的接触母线长度，固定式 V 形块可分为短 V 形块和长

V 形块，前者限制工件两个自由度，后者限制工件四个自由度。其中，图 2-19（a）所示用于较短的精基准定位；图 2-19（b）所示用于较长的粗基准（或阶梯轴）定位；图 2-19（c）所示用于两段精基准面相距较远的场合；图 2-19（d）中所示的 V 形块是在铸铁底座上镶淬火钢垫而成的，用于定位基准直径与长度较大的场合。

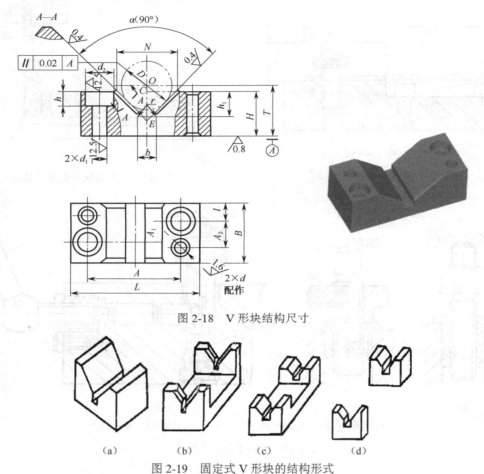

图 2-18　V 形块结构尺寸

图 2-19　固定式 V 形块的结构形式

V 形块定位的优点是：

（1）对中性好。即能使工件的定位基准轴线对中在 V 形块两斜面的对称平面上，在左右方向上不会发生偏移，且安装方便。

（2）应用范围较广。不论定位基准是否经过加工，不论是完整的圆柱面还是局部圆弧面，都可采用 V 形块定位。

在图 2-20 中左端的固定 V 形块限制工件的 $\bar{x}$、$\bar{y}$ 自由度，右端的活动 V 形块限制工件一个转动自由度$\bar{z}$，其沿 V 形块对称面方向的移动可以补偿工件因毛坯尺寸变化而对定位的影响，它除定位外，还兼有夹紧作用。类似的钻夹具如图 2-21 所示。

图 2-22 所示为活动 V 形块、固定 V 形块的零件结构图。

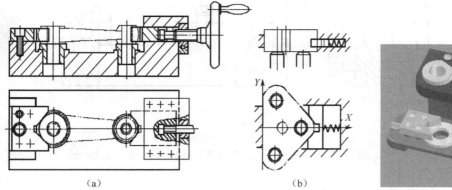

图 2-20　活动 V 形块应用实例

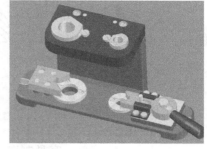

图 2-21　V 形块所组成的钻夹具

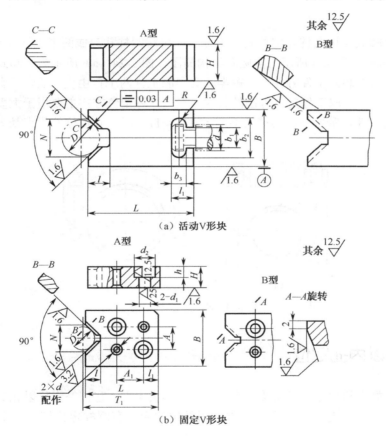

图 2-22　活动 V 形块、固定 V 形块的零件结构图

2．定位套筒

常见的定位套筒结构形式如图 2-23 所示。图 2-23（a）所示是组装式定位件结构，衬套直接压入本体；图 2-23（b）所示是用于不同工件的定位件结构，衬套和垫圈用螺钉固定在本体上；图 2-23（c）所示是用于较大尺寸的工件的定位件结构。定位件可用过渡配合 m5、k6 或 Js6 装入本体后，用螺钉固定。

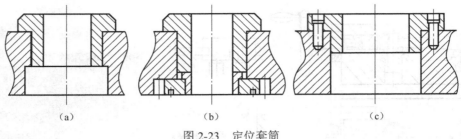

图 2-23　定位套筒

定位件的材料可用 20 号钢、20Cr 钢，渗碳淬火，其渗碳层深度为 0.8～1.2mm，淬火硬度为 58～62HRC。

定位套结构简单、容易制造，适用于精定位基面。

3．半圆孔

当工件尺寸较大，用圆柱孔定位安装不便时，可将圆柱孔改成两半，下半圆起定位作用，上半圆起夹紧作用，图 2-24 所示为半圆套结构简图。图 2-24（a）所示为可卸式，图 2-24（b）所示为铰链式，后者装卸工件方便些。短半圆套限制工件两个自由度，长半圆套限制工件四个自由度。其最小直径应取工件定位外圆的最大直径。这种定位方式主要用于大型轴类零件及不便于轴向装夹的零件，定位基面的精度不低于 IT8～IT9 级。其定位的优点是夹紧力均匀，装卸工件方便。

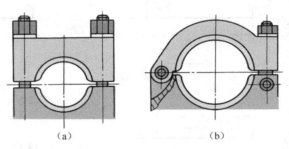

图 2-24　半圆套结构简图

2.2.3　工件以内孔定位

诸如套类、盘类和齿轮、拨叉及一些中小型壳体类零件，它们的定位以孔的轴心线为定位基准，其圆柱孔表面就是定位基面。此类常用的定位元件有圆柱定位销、圆锥定位销和定位心轴。

1．圆柱定位销

圆柱定位销有固定式、可换式和插销式三种。

（1）固定式（GB/T 2203—1991）。图 2-25（a），（b），（c）所示的三种为固定式，已标准化，设计时可参考有关资料。它们以 H7/r6 或 H7/h6 的配合直接装入夹具体的孔中，图 2-25（a）所示为工件部分直径较小的定位销，根部倒圆（R）是为了增强销的刚性。为了不影响定位，其圆角部分须沉入夹具的沉孔中。

　　所有定位销的定位端头部均做成 15° 的长倒角，以便于工件套入，定位销与定位孔的配合采用 K7/g6 或 H7/f7。

　　（2）可换式（GB/T 2204—1991）。如需要经常更换定位销，可采用图 2-25（d）所示的可换式定位销，其衬套外径与夹具体之间为过渡配合（H7/m6），内径与销之间的配合为间隙配合（H7/h6）。

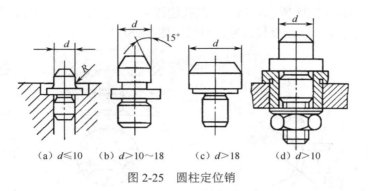

（a）$d \leqslant 10$　（b）$d > 10 \sim 18$　（c）$d > 18$　（d）$d > 10$

图 2-25　圆柱定位销

　　（3）插销式。如果定位基准孔就是要加工的表面本身，则可采用插销式定位销。待工件定位时插入，装夹好后，拔出定位销，进行加工。插销式定位销如图 2-26 所示。

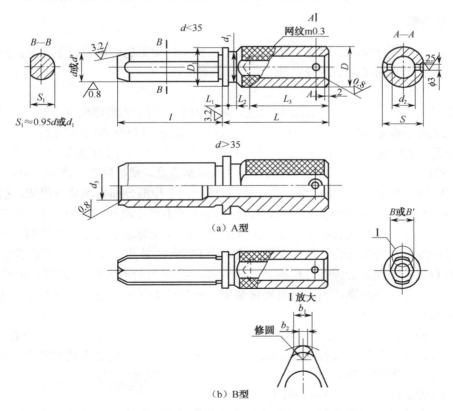

（a）A 型

（b）B 型

图 2-26　插销式定位销

　　长圆柱定位销可限制四个自由度，短圆柱定位销只能限制端面上两个移动自由度。

有时为了避免过定位，可将圆柱销在过定位方向上削扁成菱形销（或削边销），即将定位在两销连线的垂直方向削去两边，只限制一个自由度，避免过定位，如图 2-27 所示。

2．圆锥定位销

有时工件还需限制轴向自由度，或当工件圆柱孔用孔端边缘定位时，需用圆锥定位销，可限制三个自由度，如图 2-28 所示。当工件圆孔边缘形状精度较低时，可采用图 2-28（a）所示形式；当工件圆孔边缘形状精度较高时，可采用图 2-28（b）所示形式。

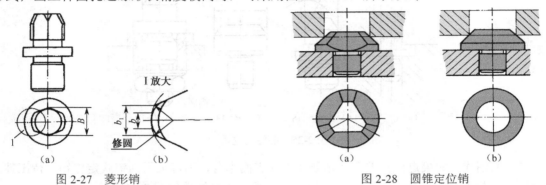

图 2-27　菱形销　　　　　　　　　　　　图 2-28　圆锥定位销

3．定位心轴

定位心轴广泛用于车床、磨床、齿轮加工等机床上，常见的心轴有以下几种：间隙配合圆柱心轴、过盈配合圆柱心轴、锥度心轴。

1）圆柱心轴

图 2-29 所示为常用定位心轴的结构形式。图 2-29（a）所示为间隙配合心轴。心轴的基本尺寸取工件孔的最小极限尺寸，公差一般按 h6、g6 或 f7 制造，这种心轴装卸工件方便，但定心精度不高。加工中为能带动工件旋转，工件常以孔和端面联合定位，因而要求工件定位孔与定位端面之间、心轴限位圆柱面与限位端面之间都有较高的垂直度，最好能在一次装夹中加工出来。

图 2-29（b）所示为过盈配合心轴，由引导部分、工作部分和传动部分组成。引导部分 1 的作用是使工件迅速而准确地套入心轴，其直径 d_3 的基本尺寸取孔径的最小值，公差按 e8 制造，其长度约为工件定位孔长度的一半。工作部分 2 的直径的基本尺寸取孔径的最大值，公差按 r6 制造。当工件定位孔的长度与直径之比 $L/d>1$ 时，心轴的工作部分应稍带锥度，直径 d_2 取基准孔直径的最小值，公差按 h6 确定；d_1 取基准孔直径的最大值，公差按 r6 确定。这种心轴制造简单，定心精度高，不用另设夹紧装置，但装卸工件不方便，易损伤定位孔，多用于定心精度要求高的精加工。

图 2-29（c）所示是花键心轴，用于加工以花键孔定位的工件。当工件的定位孔长度 $L/d>1$ 时，工作部分可稍带锥度。设计花键心轴时，应根据工件的不同定心方式来确定心轴的结构，其配合可参考上述两种心轴。

2）锥度心轴（GB/T 12875—1991）

因工件的基准孔在锥度心轴上定位时，二者间是无间隙配合的，故定心精度高，一般同轴度可达 $\phi 0.005\sim0.01$mm，但轴向移位量较大可能产生轴线倾斜，所以不适合轴向定距加工。工件在锥度心轴上定位，并利用工件定位圆孔与心轴限位圆柱面的弹性变形夹紧工件。

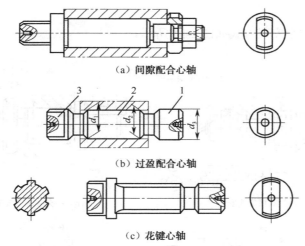

（a）间隙配合心轴

（b）过盈配合心轴

（c）花键心轴

1—引导部分；2—工作部分；3—传动部分

图 2-29 常用定位心轴结构

小锥度定位心轴如图 2-30 所示，工件的轴向位置误差取决于基准孔的公差 T 与心轴锥度 K，其轴向定位误差 $T_{定}$ 为

$$T_{定} = \frac{T}{2\tan\alpha} = \frac{T}{K} \tag{2-1}$$

这种心轴的锥度很小，一般 $K=1/1\,000\sim1/5\,000$。在使用这种小锥度心轴定位时，基准公差应很小，一般为 IT6 级或 IT7 级。

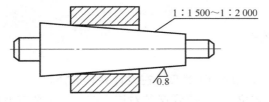

图 2-30 工件在锥度心轴上定位

高精度心轴的锥度 K 可按表 2-3 选取。

表 2-3 高精度心轴的锥度推荐值 K

基准孔直径 D/mm	锥度 K	基准孔直径 D/mm	锥度 K
8～25	0.01/2.5D	71～80	0.01/1.25D
26～50	0.01/2D	81～100	0.01/D
51～70	0.01/1.5D	>100	1/10 000

心轴材料：

（1）当 $D\leqslant35$mm 时，用 T8A，淬火：55～60HRC；

（2）当 $D>35$mm 时，用 45 号钢，淬火：43～48HRC。

以上所述的几种心轴，因其工作直径不能改变，也称为刚性心轴。除此之外，生产中还采用弹性心轴、自动定心心轴和液塑心轴等，这些可涨心轴在定位的同时也将工件夹紧，使用方便，但结构复杂。

心轴在机床上的常用安装方式如图 2-31 所示。

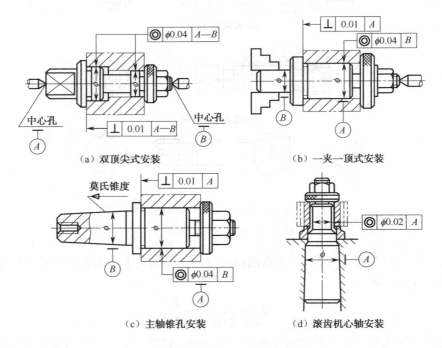

图 2-31　心轴在机床上的常用安装方式

2.3　定位误差

夹具的作用首先要保证工序加工精度，在设计夹具选择和确定工件的定位方案时，除根据工件定位原理选用相应的定位元件外，还必须对选定的工件定位方案能否满足工序加工精度要求做出判断。为此，需对可能产生的定位误差进行分析和计算。

定位误差是工件在夹具中定位，由于定位不准确造成的加工面相对于工序基准沿加工要求方向上的最大位置变动量。

2.3.1　定位误差的产生

工件的加工误差，是指工件加工后在尺寸、形状和位置三个方面偏离理想工件的大小，它是由三部分因素产生的：

（1）工件在夹具中的定位、夹紧误差；

（2）夹具带着工件安装在机床上，相对机床主轴（或刀具）或运动导轨的位置误差，也称对定误差；

（3）加工过程中误差，如机床几何精度，工艺系统的受力、受热变形、切削振动等原因引起的误差。

其中定位误差是指工序基准在加工方向上的最大位置变动量所引起的加工误差。可见定位误差只是工件加工误差的一部分。设计夹具定位方案时，要充分考虑此定位方案的定位误差的大小是否在允许的范围内。一般定位误差应控制在工件允差的 1/5～1/3 之内。

工件在夹具中的位置是由定位元件确定的，当工件上的定位表面一旦与夹具上的定位元件相接触或相配合时，作为一个整体的工件的位置也就确定了。但对于一批工件来说，由于在各个工件的有关表面之间，彼此在尺寸及位置上均有在公差范围内的差异，夹具定位元件本身和各定位元件之间也具有一定的尺寸和位置公差。这样一来，工件虽已定位，但每个被定位工件的某些具体表面都会有自己的位置变动量，从而造成在工序尺寸和位置要求方面的加工误差。

2.3.2　定位误差的组成

1. 基准不重合误差

夹具定位基准与设计基准不重合，两基准之间的位置误差会反映到被加工表面的位置上去，所产生的定位误差称为基准不重合误差。

基准不重合误差用 Δ_B 表示。如图 2-32 所示，在一批工件上铣槽，要求保证尺寸 A、H。按图 2-32（b）所示方式定位，定位基准与设计基准 1、2 重合，$\Delta_B=0$。按图 2-32（c）所示方式定位，定位基准 3 与设计基准 2 不重合，它们之间的尺寸为 $L_{-\delta_L}^{0}$，工序尺寸对于定位基准的相对位置将在尺寸 L 和 $L-\delta_L$ 范围内变动，变动的最大值即为公差 δ_L。因此，基准不重合误差的大小等于定位基准与设计基准之间的尺寸公差，即 $\Delta_B=\delta_L$。

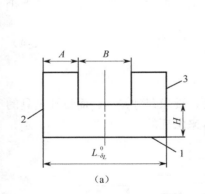
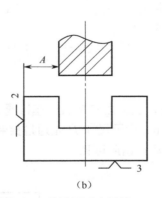
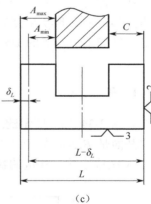

（a）　　　　　　　　　　（b）　　　　　　　　　　（c）

图 2-32　基准不重合误差

2. 基准位移误差

由于定位副的制造误差和间隙的影响，引起定位基准在加工尺寸方向上有位置的变动，其最大的变动量称为基准位移误差，用 Δ_Y 表示。图 2-33（a）所示为在一批工件圆柱面上铣槽，保证尺寸 A，工件以内孔在水平轴上定位，其设计基准和定位基准都是内孔轴线，基准重合，没有基准不重合误差。但由于工件内孔和心轴有制造误差和最小配合间隙，使定位孔中心的实际位置发生位移，因而这样加工出来的一批零件的尺寸 A 也将在一定范围内变化，这种误差就是定位基准位移误差，其大小为定位基准的最大变动范围，即

$$\Delta_Y=A_{\max}-A_{\min} \tag{2-2}$$

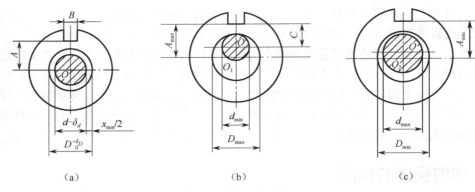

图 2-33 基准位移误差

定位误差 Δ_D 为基准不重合误差 Δ_B 与基准位移误差 Δ_Y 的矢量和。

$$\Delta_D = \Delta_B \pm \Delta_Y \tag{2-3}$$

需说明的是：

（1）只有用调整法加工一批零件时才产生定位误差，用试切法加工时不产生定位误差；

（2）定位误差是一个界限值（有一个范围）。

2.3.3 定位误差的分析

在工件的加工中，还会因夹具在制造与安装、工件的夹紧、机床的工作精度、刀具的精度、受力变形、热变形等因素而产生误差，定位误差仅是加工误差的一部分。一般限定定位误差不超过工件加工公差 T 的 1/5～1/3，即

$$\Delta_D \leq (1/5 \sim 1/3)T \tag{2-4}$$

1. 平面定位

如图 2-34（a）所示的工件，加工面 C 的设计基准是 A 面，要求尺寸是 N。而设计夹具的定位基面是 B 面，如图 2-34（b）所示尺寸 N 是通过控制 A_2 来保证的，是间接获得的。A_1、A_2 和 N 组成工艺尺寸链的封闭环，由此可见

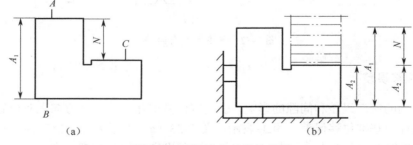

图 2-34 平面定位的误差分析

$$\Delta_N = \Delta_{BA_1} + \Delta_{A_2} \tag{2-5}$$

式中 $\quad \Delta_{A_2}$——本工序的加工误差；

$\quad\quad \Delta_{BA_1}$——基准不重合误差。

2. V 形块定位

如图 2-35 所示为在圆柱表面上铣键槽，采用 V 形块定位。键槽深度有三种表示方法，工件轴径最大为 $d+\delta/2$，最小为 $d-\delta/2$（δ 为工件轴径公差），下面对三种情况进行分析。

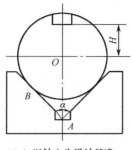 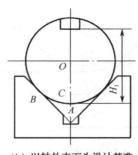 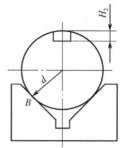

(a) 以轴心为设计基准　　　　　(b) 以轴外表面为设计基准　　　　(c) 以轴外表面为设计基准

图 2-35　铣键槽的定位及尺寸标注

图 2-35（a）中以轴心为设计基准的定位误差，因其设计基准与定位基准重合，基准不重合误差为 $\Delta_{BH}=0$，其定位误差为基准位移误差 Δ_{DH}，根据图 2-36 可得

$$\Delta_{DH} = O'O'' = \frac{O'T}{\sin\frac{\alpha}{2}} = \frac{O'B - O''A}{\sin\frac{\alpha}{2}}$$

$$\Delta_{DH} = \frac{\delta}{2\sin\frac{\alpha}{2}} \tag{2-6}$$

图 2-35（b）中设计基准与定位基准不重合，定位误差 Δ_{DH_1} 由基准不重合误差为 Δ_{BH_1} 和基准位移误差 Δ_{YH} 组成。

从图 2-36 可以看出，当工件直径由最小 $d-\delta/2$ 变到最大 $d+\delta/2$ 时，设计基准 H_1 的基准不重合误差 Δ_{BH_1} 为 $\delta/2$，但其方向与定位基准 O'' 变到 O' 的基准位移误差 Δ_{DH} 方向相反，故其定位误差是二者之差，即

$$\Delta_{DH_1} = \Delta_{YH} - \Delta_{BH_1}$$

$$\Delta_{DH_1} = \frac{\delta}{2}\left[\frac{1}{\sin\frac{\alpha}{2}} - 1\right] \tag{2-7}$$

图 3-35（c）中设计基准与定位基准不重合，定位误差 Δ_{DH_2} 由基准不重合误差为 Δ_{BH_2} 和基准位移误差 Δ_{YH} 组成。当工件直径由最小 $d-\delta/2$ 变到最大 $d+\delta/2$ 时，设计基准 H_2 的基准不重合误差 Δ_{BH_2} 为 $\delta/2$，其方向与定位基准 O'' 变到 O' 的基准位移误差 Δ_{YH} 方向相同，故其定位误差是二者之和，即

$$\Delta_{DH_2} = \Delta_{YH} + \Delta_{BH_2}$$

$$\Delta_{DH_2} = \frac{\delta}{2}\left[\frac{1}{\sin\frac{\alpha}{2}} + 1\right] \tag{2-8}$$

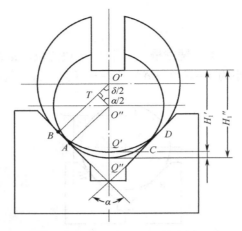

图 2-36　基准移位误差分析

【例 2-2】　铣削如图 2-37 所示零件上斜面，保证尺寸 39±0.04 及角度 30°，工件以外圆面定位，求加工尺寸 39±0.04 的定位误差。

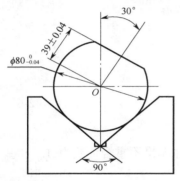

图 2-37　单角度铣刀铣斜面

解：

（1）求基准不重合误差 Δ_B

该铣削工序定位基准与工序基准重合：$\Delta_B=0$。

（2）求基准位移误差 Δ_Y

沿 Z 轴方向的基准位移误差为

$$\Delta_Y = \frac{\delta}{2\sin\dfrac{\alpha}{2}} = 0.04 \times 0.707 = 0.028\text{mm}$$

（3）求定位误差 Δ_D

基准位移误差与工序尺寸不在同一方向，对加工尺寸的影响应向加工尺寸方向作投影，即为定位误差。

$$\Delta_D = \Delta_B + \Delta_Y\cos 30°$$
$$= 0 + 0.024 = 0.024\text{mm}$$

3．工件以圆孔在心轴上定位时的定位误差

1）移动定位误差

在使用心轴、销、定位套定位时，定位面与定位元件间的间隙可使工件定心不准而产生定位误差。如图 2-38（a）所示单圆柱销与孔的定位情况，最大间隙即移动定位误差为

$$\delta_D = D_{\max} - d_{\min} = \Delta + \delta_x + \delta_g \tag{2-9}$$

式中　$D_{\max}$——定位孔最大直径（mm）；

　　　$d_{\min}$——定位销最小直径（mm）；

　　　Δ——销与孔的最小间隙（mm）；

　　　δ_x——销的公差（mm）；

　　　δ_g——孔的公差（mm）。

由于销与孔之间有间隙，工件安装时孔中心可能偏离销中心，其偏离的最大范围是以 δ_D 为

直径，以销中心为圆心的圆，如图 2-38（a）所示。

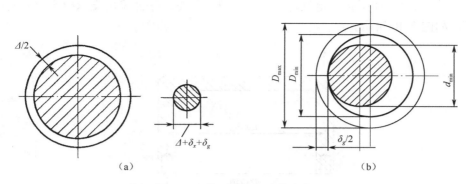

图 2-38　单圆柱销与孔的定位

若定位时让工件始终靠紧销的一侧，d_1 大小对定位误差无影响，如图 2-38（b）所示，即定位以销的一条母线为基准，工件的定位误差仅为

$$\delta_D = \frac{1}{2}\delta_g \qquad (2\text{-}10)$$

2）转角误差

在图 2-39 中平面限制三个自由度，圆柱销限制两个自由度。x、y 方向的定位误差如同单圆柱销定位，均为：$\delta_{D_1} = \delta_{x_1} + \delta_{g_1} + \varDelta_1$；而菱形销限制了绕 z 方向的转动自由度，孔与菱形销在 y 方向定位误差为：$\delta_{D_2} = \delta_{x_2} + \delta_{g_2} + \varDelta_2$，它实际上是限制工件绕 z 轴的转动。由于定位副之间的间隙，实际定位时，定位孔和定位销上下错移接触（或左右接触），造成两定位孔连心线相对于夹具上连心线发生偏移，而产生转角误差，当各尺寸处于极限情况时，产生最大转角误差 $\varDelta_\alpha$，如图 2-39 所示，转角误差 $\varDelta_\alpha$ 为

$$\varDelta_\alpha = \arctan\left(\frac{\delta_{x_1} + \delta_{g_1} + \varDelta_1 + \delta_{x_2} + \delta_{g_2} + \varDelta_2}{2L}\right) \qquad (2\text{-}11)$$

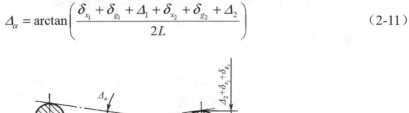

图 2-39　双销定位的转角误差

2.4　"一面两孔"定位分析

在成批生产和大量生产中，加工箱体、机床主轴箱、发动机机体、盖板等类零件时，常常以一平面和两定位孔作为定位基准实现组合定位。这种组合定位方式一般简称为"一面两孔"定位。

　　工件上的两个定位孔可以是工件结构上原有的孔，也可以是专为工艺上定位需要而特地加工出来的工艺孔。"一面两孔"定位时所用的定位元件是：平面采用支承板定位，两孔采用定位销定位，如图 2-40 所示。

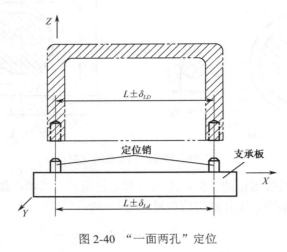

图 2-40　"一面两孔"定位

2.4.1　存在的问题

　　在"一面两孔"定位中，支承板限制了三个自由度，左边定位销限制了两个自由度，还剩下一个绕垂直图面轴线的转动自由度需要限制。右边定位销也要限制两个自由度，它除了限制这个转动自由度外，还要限制一个沿 X 轴的移动自由度。但这个移动自由度已被左边定位销所限制，于是两个定位销重复限制沿 X 轴的移动自由度而发生矛盾。因此，若以两个圆柱销作为定位件，常会产生过定位现象，造成的后果是工件可能无法安装。

2.4.2　解决办法

　　（1）右孔与右销间给予较大的配合间隙，足以补偿工件两孔和两销中心距的误差，但这样定位误差较大，有时也会造成工件位置的偏斜。

　　（2）将右边定位销在两销连心线的垂直方面削去两边，做成削边销（也称为菱形销），这样在此连心线方向上获得间隙补偿，如图 2-41 所示，能使工件两孔与两销顺利安装且使定位较准确。假定左边定位孔和左边定位销的中心完全重合，则两定位孔间的中心距差和两定位销间的中心距误差全部由右边定位销来补偿。

　　比较：

　　方法（1）简单，但增大转角误差；

　　方法（2）更为科学。

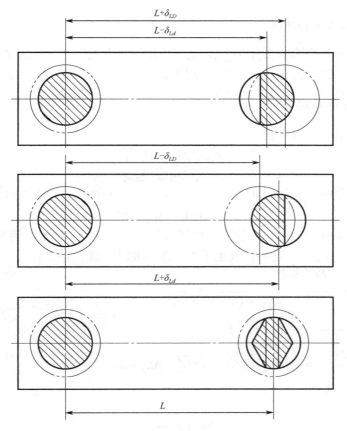

图 2-41　削边销的形成

2.4.3　削边销的宽度计算

削边销的宽度计算，应考虑在图纸规定公差范围内的任一工件，都能保证装到夹具的两定位销上，这要分析可能出现定位干涉的极限情况。图 2-42 中所示为工件装在夹具上的一种极限位置，这时 O_1 为左边孔及左边销的中心，O_2 为右边销的中心，O_2' 为右边孔的中心。

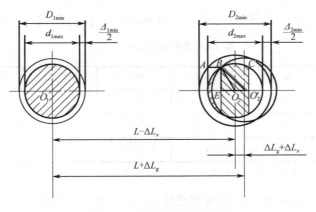

图 2-42　削边销的宽度计算

1. 干涉最容易发生的情况

工件两孔的最小直径为 D_{1min}、D_{2min}，夹具两销的最大直径为 d_{1max}、d_{2max}，且销距与孔距偏差向相反方向，如工件两孔的孔距最大为 $L+\Delta L_g$，而夹具上两销的销距最小为 $L-\Delta L_x$。

2. 削边销尺寸的确定

工件两孔顺利装到夹具两销上的最小间隙为

$$\Delta_{1min}=D_{1min}-d_{1max}$$

$$\Delta_{2min}=D_{2min}-d_{2max}$$

若假定工件安装时，左边的孔、销两中心 O_1 重合；右边孔中心距的偏移量这时为

$$\overline{O_2O_2'} = \Delta L_g + \Delta L_x$$

由于这一偏移，使右边销与右边孔产生了新月形的干涉区（图中的阴影部分）。如果使右边销的削边后宽度 $b_1 \leqslant \overline{BC}$，便不再发生干涉。而 b_1 的大小即可按几何关系进行计算。

$\because \triangle BEO_2$ 和 $\triangle BEO_2'$ 等高

$\therefore \overline{BO_2}^2 - \overline{O_2E}^2 = \overline{BO_2'}^2 - (\overline{O_2E} + \overline{O_2O_2'})^2 = \overline{BE}^2$

式中，$\overline{BO_2} = \dfrac{d_{2max}}{2}$；　$\overline{O_2E} = \dfrac{b_1}{2}$；

$\overline{BO_2} = \dfrac{D_{2min}}{2} = \dfrac{d_{2max} + \Delta_{2min}}{2}$；　$\overline{O_2O_2'} = \Delta L_g + \Delta L_x$

代入式（2-1），得

$$b_1 = \frac{\Delta_{2min}\left(d_{2max} + \dfrac{\Delta_{2min}}{2}\right)}{2(\Delta L_g + \Delta L_x)}$$

约去高阶微量，得削边销宽度为

$$b_1 \approx \frac{\Delta_{2min} D_{2min}}{2(\Delta L_g + \Delta L_x)} \tag{2-12}$$

由式（2-12）可得削边销与孔配合的最小间隙 Δ_{2min} 为

$$\Delta_{2min} \approx \frac{2b_1(\Delta L_g + \Delta L_x)}{D_{2min}} \tag{2-13}$$

削边销已标准化了，即为图 2-27 所示的菱形销，尺寸可按表 2-4 选取。

表 2-4　菱形销的尺寸（mm）

D_2	>3~6	>6~8	>8~20	>20~24	>24~30	>30~40	>40~50
B	$D_2-0.5$	D_2-1	D_2-2	D_2-3	D_2-4	D_2-5	
b_1	1	2	3			4	5
b	2	3	4	5		6	8

注：D_2 为工件上菱形销定位孔直径，b_1 为削边部分宽度，b 为削边后留下圆柱部分宽度。

设计时，可先按表 2-4 查 D_2，选定削边销宽度 b_1，按式（2-13）计算出 Δ_{2min}。此时再根据下式可算出削边销的直径：

$$d_{2max}=D_{2min}-\Delta_{2min} \tag{2-14}$$

【例 2-3】 已知某工件用两个最小尺寸为 $\phi 8.035$mm 的孔定位，孔间距要求 110 ± 0.03，如图 2-43 所示，试计算一个圆柱销、一个削边销的各有关定位尺寸。

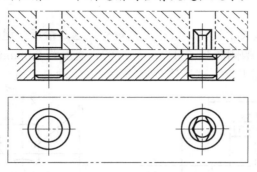

图 2-43　工件定位图

解：

（1）确定两定位销的中心距尺寸及偏差

销中心距的基本尺寸（L_x）与孔中心距的基本尺寸（L_g）相同，其偏差为：$\pm\Delta L_x=\pm(1/5\sim1/3)\Delta L_g$。

取：$L\pm\Delta L_x=110\pm\left(\dfrac{1}{3}\times0.03\right)=110\pm0.01$mm

注意： 若工件孔间距上、下偏差在零件图上非对称分布，则应将其先转化为对称形式。

（2）确定圆柱销直径尺寸（d_1）及偏差

通常以该工件孔的最小尺寸（D_{1min}）作为圆柱销的基本尺寸（d_1），其配合的偏差一般以 g6（或 f7）选取。故选：

$$d_1=\phi 8.035\text{g}6=\phi 8.035^{-0.005}_{-0.014}=\phi 8^{+0.030}_{+0.021}\text{ mm}$$

（3）选定削边销基本尺寸（d_2）及偏差

首先，查表得削边销宽度（b_1）及其他结构尺寸：

当 $D_2=8$mm 时，得 $b_1=3$mm，$B=D_2-1=8-1=7$mm。

$$d_{2max}=D_{2min}-\Delta_2=D_{2min}-\frac{2b_1(\Delta L_g+\Delta L_x)}{D_{2min}}$$

$$=8.035-\frac{2\times3(0.03+0.01)}{8.035}=8.005\text{mm}$$

一般以 d_{2max} 作为削边销的最大直径，其配合的偏差一般可选取为 h6。

所以取：

$$d_2=\phi 8.005\text{h}6=\phi 8.005^{0}_{-0.009}=\phi 8^{+0.005}_{-0.004}$$

2.5 设计示例

如图 2-44 所示，在拨叉上铣槽。根据工艺规程，这是最后一道机加工工序，加工要求有：槽宽 16H11，槽深 8mm，槽侧面与 ϕ25H7 孔轴线的垂直度为 0.08mm，槽侧面与 E 面的距离为 11±0.2mm，槽底面与 B 面平行，试设计其定位元件和手动夹紧机构。

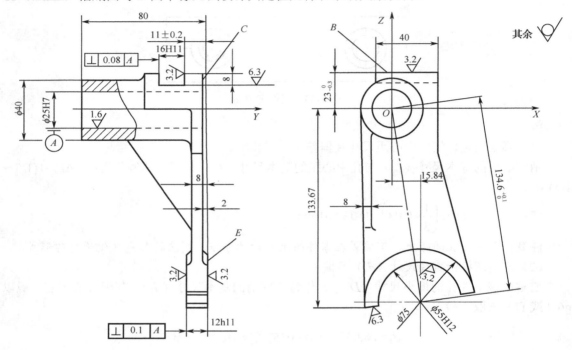

图 2-44　拨叉零件图

定位方案分析如下（夹紧机构在第 3 章中进行分析，此处暂不考虑）。

1. 确定需要限制的自由度并选择定位基面和定位元件

从加工要求考虑，在工件上铣通槽，沿 X 轴的位置自由度 $\vec{x}$ 可以不限制，但为了承受切削力，仍采用完全定位，$\vec{x}$ 还是要限制。工序基准为：ϕ25H7、E 面和 B 面。

现拟订三个定位方案，如图 2-45 所示。

在图 2-45（a）中，工件以 E 面作为主要定位面，用支承板 1 限制三个自由度 $\vec{y}$、$\hat{x}$、$\hat{z}$，用短销 2 与 ϕ25H7 孔配合限制两个自由度 $\vec{x}$、$\vec{z}$。为了提高工件的装夹刚度，在 C 处加一辅助支承。由于垂直度 0.08mm 的工序基准是 ϕ25H7 孔轴线，而工件绕 X 轴的角度自由度由 E 面限制，定位基准与工序基准不重合，不利于保证槽侧面与 ϕ25H7 孔轴线的垂直度。

在图 2-45（b）中，以 ϕ25H7 孔作为主要定位基面，用长销 3 限制工件四个自由度 $\vec{x}$、$\vec{z}$、$\hat{x}$、$\hat{z}$，用支承钉 4 限制一个自由度 $\vec{y}$，在 C 处也放一辅助支承。由于长销限制 $\hat{x}$，定位基准与工序基准重合，有利于保证槽侧面与 ϕ25H7 孔轴线的垂直度。但这种定位方式不利于工件的夹紧，因为辅助支承不能起定位作用，辅助支承上与工件接触的滑柱必须在工件夹紧后才能固定，当首先对支承钉 4 施加夹紧力时，由于其端面的面积太小，工件极易歪斜变形，夹紧也不可靠。

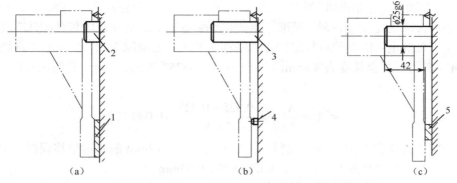

1—支承板；2—短销；3—长销；4—支承钉；5—长条支承板

图 2-45　定位方案分析

在图 2-45（c）中，用长销限制工件四个自由度 $\vec{x}$、$\vec{z}$、$\hat{x}$、$\hat{z}$，用长条支承板 5 限制两个自由度 $\vec{y}$、$\hat{z}$，$\hat{z}$ 被重复限制，属过定位。因为 E 面与 ϕ25H7 孔轴线的垂直度为 0.1mm，而工件刚性较差，0.1mm 在工件的弹性变形范围内，因此属可用重复定位。

比较上述三种方案，图 2-45（c）所示方案较好。

按照加工要求，工件绕 Y 轴的自由度 $\hat{y}$ 必须限制，限制的办法如图 2-46 所示。挡销放在图 2-46（a）所示位置时，由于 B 面与 ϕ25H7 孔轴线的距离（$23_{-0.3}^{\ 0}$ mm）较近，尺寸公差又大，因此防转效果差，定位精度低。挡销放在图 2-46（b）所示位置时，由于距离 ϕ25H7 孔轴线较远，因而防转效果较好，定位精度较高，且能承受切削力所引起的转矩。

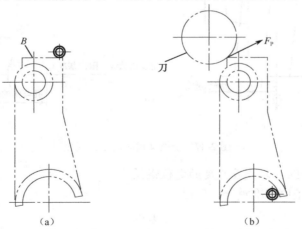

图 2-46　挡销安放的位置

2．计算定位误差

除槽宽 16H11 由铣刀保证外，本工序的主要加工要求是槽侧面与正面的距离 11±0.2mm 及槽侧面与 ϕ25H7 孔轴线的垂直度 0.08mm，其他要求未注公差，因而只要计算上述两项加工要求的定位误差即可。

1）加工尺寸 11±0.2mm 的定位误差

采用图 2-45（c）所示定位方案时，工序基准为 E 面，定位基准 E 面及 $\phi25H7$ 孔均影响该项误差。当考虑 E 面为定位基准时，基准重合，$\Delta_B = 0$；基准位移误差 $\Delta_Y = 0$，因此定位误差 $\Delta_{D_1} = 0$。

当考虑 $\phi25H7$ 为定位基准时，基准不重合，基准不重合误差为 E 面相对 $\phi25H7$ 孔的垂直度误差，即 $\Delta_B = 0.1mm$；由于长销与定位孔之间存在最大配合间隙 X_{max}，会引起工件绕 Z 轴的角度偏差 $\pm\Delta_\alpha$。取长销配合长度为 40mm，直径为 $\phi25g6$（$\phi25^{-0.009}_{-0.025}$ mm），定位孔为 $\phi25H7$（$\phi25^{+0.025}_{0}$），则定位孔单边转角偏差（见图 2-47（a））是

$$\tan\Delta_\alpha = \frac{X_{max}}{2\times L} = \frac{0.025+0.025}{2\times40} = 0.000\ 625$$

此偏差将引起槽侧面对 E 面的偏斜，而产生尺寸 11±0.2mm 的基准位移误差，由于槽长为 40mm，所以 $\Delta_Y = 2\times40\tan\Delta_\alpha = 2\times40\times0.000\ 625 = 0.05mm$。

因工序基准与定位基面无相关的公共变量，所以

$$\Delta_{D_2} = \Delta_Y + \Delta_B = 0.15mm$$

在分析加工尺寸精度时，应计算影响大的定位误差 Δ_{D_2}。此项误差略大于工件公差的 1/3，即 0.15>0.13（也即 $\frac{1}{3}\times0.4mm$），因此，需经精度分析后才能确定是否合理。

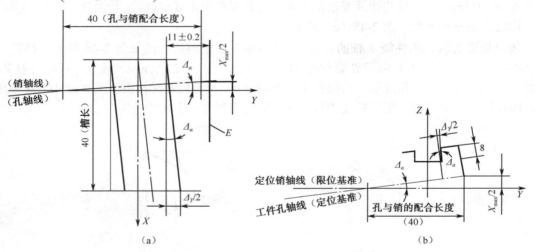

（a）　　　　　　　　　　　　　　　（b）

图 2-47　铣拨叉槽时的定位误差

2）槽侧面与 $\phi25H7$ 孔轴线垂直度的定位误差

由于定位基准与工序基准重合，所以

$$\Delta_B = 0$$

由于孔、轴配合存在最大配合间隙 X_{max}，所以存在基准位移误差。定位基准可绕 X 轴产生两个方向的转动，其单方向的转角（见图 2-47（b））是

$$\tan\Delta_\alpha = \frac{X_{max}}{2\times L} = \frac{25.025-24.975}{2\times40} = 0.000\ 625$$

此处槽深为 8mm，所以基准位移误差为

$$\Delta_Y = 2\times8\tan\Delta_\alpha = 2\times8\times0.000\ 625mm = 0.01mm$$

$$\Delta_D = \Delta_Y + \Delta_B = 0.01mm$$

由于定位误差只有垂直度要求（0.08mm）的 1/8，故此定位方案可行。

习　题

2.1　何谓六点定则？

2.2　何谓工件在夹具中的"完全定位"、"不完全定位"、"欠定位"、"过定位"？

2.3　工件在夹具中安装，凡有六个支承点即为"完全定位"，这种说法对吗？为什么？试举例说明。

2.4　为什么工件以"一面两孔"作为定位基准时，定位元件即一个定位销用短圆柱销，而另一个用短削边销？

2.5　何谓工件在夹具中定位与夹紧？两者有何不同？

2.6　分析图 2-48 所示零件加工时必须限制的自由度，选择定位基准和定位元件，并在图中示意画出。

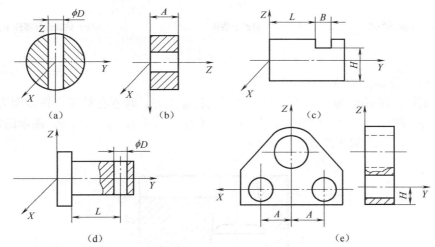

图 2-48　题 2.6 图

2.7　图 2-49 所示的加工分别为：（a）过三通管中心 o 钻一孔，使孔轴线 ox 与 oz 垂直相交；（b）车外圆，保证外圆与内孔同轴；（c）车阶梯轴小外圆及台阶端面；（d）在圆盘零件上钻、铰孔，要求与外圆同轴；（e）钻、铰连杆小头孔，要求保证与大头孔轴线的距离及平行度，并与毛坯外圆同轴。

试分析图示各定位方案，回答下列问题：

① 各定位元件所限制的自由度；

② 判断有无欠定位或过定位；

③ 对不合理的定位方案提出改进意见。

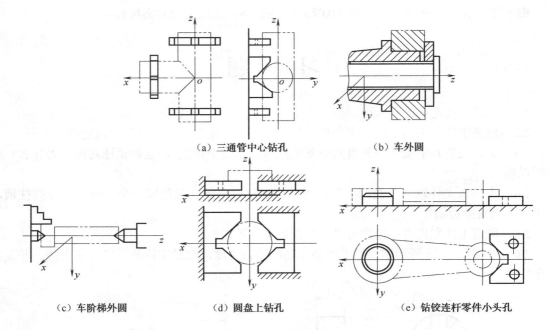

（a）三通管中心钻孔　　　　　　　　（b）车外圆

（c）车阶梯外圆　　　　（d）圆盘上钻孔　　　　（e）钻铰连杆零件小头孔

图 2-49　题 2.7 图

2.8　造成定位误差的原因是什么？

2.9　如图 2-50 所示零件，锥孔和各平面均已加工好，现在在铣床上铣键宽为 b 的键槽，要求保证槽的对称线与锥孔轴线相交，且与 A 面平行，还要求保证尺寸 h。图示的定位方式是否合理？如不合理，应如何改进？

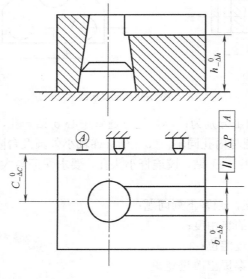

图 2-50　题 2.9 图

2.10　在图 2-51（a）所示的工件上加工键槽，要求保证尺寸 $54_{-0.14}^{0}$ mm 和对称度 0.03mm。现有三种定位方案，分别如图 2-51（b），（c），（d）所示。试分别计算三种方案的定位误差，并选择最佳方案。

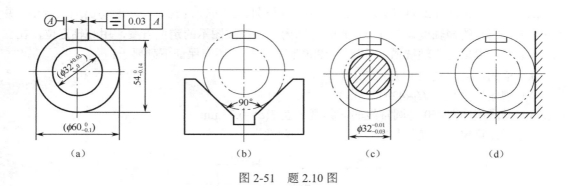

图 2-51　题 2.10 图

2.11　以图 2-52 所示的定位方式铣削连杆的两个侧面，计算加工尺寸 $12^{+0.3}_{0}$ mm 的定位误差。

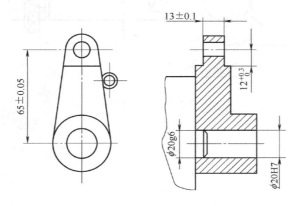

图 2-52　题 2.11 图

2.12　钻、铰如图 2-53 所示凸轮上的两小孔（$\phi16$mm），定位方式如图 2-53（b）所示。定位销直径为 $\phi22^{0}_{-0.021}$ mm，求加工尺寸（100±0.1）mm 的定位误差。

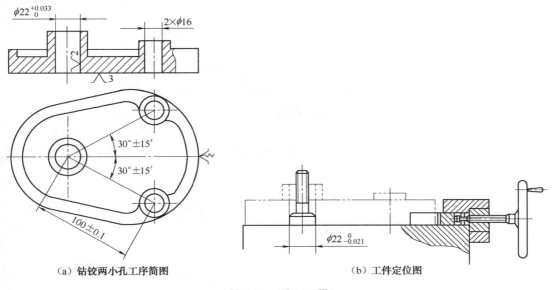

（a）钻铰两小孔工序简图　　　　　　　（b）工件定位图

图 2-53　题 2.12 图

2.13 有一批如图 2-54 所示的工件，ϕ50h6 外圆、ϕ30H7 内孔和两端面均已加工合格，并保证外圆对内孔的同轴度误差在 0.02mm 范围内。现在按图示的定位方案，用心轴定位，在立式铣床上用顶尖顶住心轴铣槽。除槽宽 12h9 有要求外，还应保证下列要求：

（1）槽的轴向位置尺寸 $L_1=25h12(^{\ 0}_{-0.21})$；

（2）槽底位置尺寸 $H_1=42h12(^{\ 0}_{-0.25})$；

（3）槽两侧面对 ϕ50 外圆轴线的对称度公差 $T(c)=0.25$mm。

试分析计算定位误差，判断定位方案的合理性。

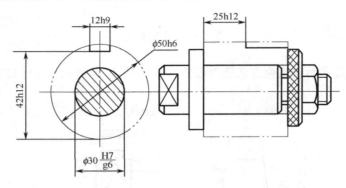

图 2-54 题 2.13 图

第 3 章

工件的夹紧及夹紧装置

本章学习的目标

了解夹紧机构的组成和对夹紧装置的基本要求；
掌握确定夹紧力的基本原则；
掌握基本夹紧机构的工作原理，了解其特点，学会其应用和设计；
了解力源装置。

重点与难点

确定夹紧力的三要素；
正确选用常见的夹紧机构。

3.1 夹紧机构原理

3.1.1 夹紧装置的组成

工件在定位元件上定位后，必须采用一定的装置将工件压紧夹牢，使其在加工过程中不会因受切削力、惯性力或离心力等作用而发生振动或位移，从而保证加工质量和生产安全，这种装置称为夹紧装置。图 3-1 所示就是某企业在专用机床上使用的夹紧装置实物图。

图 3-1　夹紧装置实物图

1．组成

夹紧装置的结构和种类很多，归纳起来不外乎由三个部分组成：力源装置、中间传力机构和夹紧元件。以下就结合图 3-2 所示的夹紧装置进行说明。

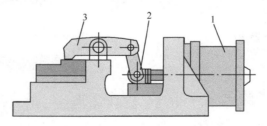

1—汽缸；2—中间传力机构；3—压板

图 3-2　夹紧装置组成示意图

1）力源装置

力源装置是产生夹紧作用力的装置。对机动夹紧装置来说即为所用的气动、液压、电动等动力装置（如图 3-2 中的汽缸 1），而对手动夹紧装置来说，力源是来自操作者的人力。

2）中间传力机构

中间传力机构位于力源装置和夹紧元件之间，它能将力源装置所产生的力传给夹紧元件，如图 3-2 中所示的元件 2。中间传力机构可起到如下作用：

（1）改变作用力的方向。在图 3-2 中的力源装置所产生的作用力是水平方向的，通过中间传力机构而变成近乎垂直方向的，推动夹紧元件压板 3 完成对工件的夹紧。

（2）改变作用力的大小。为使工件压紧夹牢，常需要较大的夹紧力。当力源装置产生的作用力不足时，可利用中间传力机构将作用力增大。

（3）自锁作用。当力源消失以后，利用中间传力机构的自锁作用仍能可靠地夹紧工件。这一点对手动夹紧尤为重要，如常用的螺旋夹紧即是利用螺纹的自锁作用。

3）夹紧元件

夹紧元件是夹紧装置的最终执行元件，它与工件直接接触来实现夹紧作用，如图 3-2 中所示的元件 3。夹紧装置的具体组成并非一成不变，可根据工件的加工要求、安装方法和生产规模等具体条件来确定。

以上夹紧装置各组成部分的相互关系，可综合表示为图 3-3 所示的方框图。

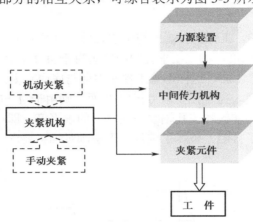

图 3-3　夹紧装置组成方框图

2．作用

（1）改变作用力的方向；

（2）改变作用力的大小；

（3）使夹紧实现自锁。

3.1.2　夹紧装置的基本要求

为了确保工件加工质量和提高生产率，对夹紧装置的基本要求可概括为"稳、牢、快、简"，具体如下。

（1）"稳"：夹紧时不破坏工件定位后的正确位置。

（2）"牢"：夹紧力大小要适当。

（3）"快"：夹紧动作要迅速、可靠。

（4）"简"：结构简单紧凑，易于制造与维修。

为此，夹紧机构的设计应满足：

（1）夹紧必须保证定位准确、可靠，而不能破坏定位。

（2）工件和夹具的变形必须在允许的范围内。

（3）夹紧机构必须可靠。

（4）夹紧机构操作必须安全、省力、方便、迅速，符合工人操作习惯。

（5）夹紧机构的复杂程度、自动化程度必须与生产纲领和工厂的具体条件相适应。

3.1.3　确定夹紧力的基本原则

必须合理确定夹紧力的三要素：夹紧力的大小、方向和作用点。

1．夹紧力方向的确定原则

（1）主要夹紧力方向应垂直于主要定位面。夹紧力的方向应有利工件的准确定位，而不能破坏定位。

如图 3-4 所示的镗孔中，工件以左端面与定位元件的 A 面接触，限制三个自由度，以底面与 B 面接触，限制两个自由度，加工要求孔中心线垂直于 A 面，因此应以 A 面为主要定位基面，并使夹紧力 F_{J1} 垂直于 A 面，这样不管工件左端面与底面有多大的垂直度误差，都能保证镗出的孔轴线与左端面垂直。但若使夹紧力指向 B 面，则由于 A 与 B 面间存在垂直度误差，则会由于该垂直度误差而影响被加工孔轴线与左端面的垂直度，即在夹紧力 F_{J2} 作用下，工件左端面与定位元件就脱离了接触，破坏了定位，无法满足加工要求。

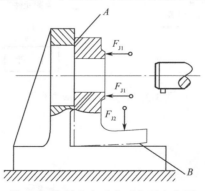

图 3-4　夹紧力应垂直于主要定位面

可以看出由于夹紧力作用的方向不当，将会使工件的主要定位基准面发生转换，从而产生定位误差。

（2）夹紧力的作用方向应使所需夹紧力最小。夹紧力的方向尽可能与切削力、重力方向一致，从而有利于减小夹紧力。

如图 3-5（a）所示的工件安装既方便又稳定，其切削力 F 与工件重力 G 均朝向主要支承表面，与夹紧力 F_J 方向相同，因而所需夹紧力为最小。此时的夹紧力 F_J 只要防止工件加工时的转动及振动即可。图 3-5（c），（d）所示的情况较差，特别是图 3-4（e）所示情况所需夹紧力为最大，一般应尽量避免。

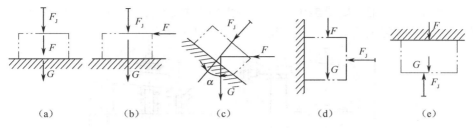

图 3-5　夹紧力方向与夹紧力大小的关系

（3）夹紧力作用方向应使工件变形尽可能小。夹紧力的方向应与工件刚度好的方向一致，以利于减小工件的变形。如图 3-6 所示为加工薄壁套筒，由于工件的径向刚度很差，用图 3-6（a）所示的径向夹紧方式将产生过大的夹紧变形。若改用图 3-6（b）所示的轴向夹紧方式，则可减小夹紧变形，保证工件的加工精度。图 3-6（c）中则采用较大弧面的夹爪，以防止薄壁套筒变形。

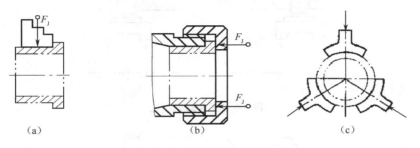

图 3-6　薄壁套筒夹紧

2．夹紧力作用点的确定

（1）夹紧力应作用在刚性较好的部位。这样可以防止或减小工件变形对加工质量的影响，在图 3-7（a）所示的夹紧位置就会造成工件薄壁底部较大的变形，不合理；改进后的结构如图 3-7（b）所示，夹紧在工件刚性较好的凸台上就比较合理。

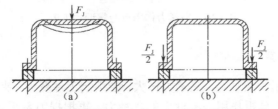

图 3-7　夹紧力作用点应落在工件刚性较好的部位

（2）夹紧力作用点应正对定位元件或位于定位元件形成的支承面内，以避免破坏定位或造成较大的夹紧变形。如图 3-8 所示的两种情况均破坏了定位，夹紧力的作用点不在定位元件形成的支承面内，从而影响夹具工作的稳定性，应改为图中沿对称线的位置进行夹紧。

如图 3-9（a）所示的夹紧力作用点虽然指向主要定位面，但不完全作用在定位元件上，会使工件发生倾侧，破坏了工件应有的正确加工位置，应按图 3-9（b）所示的正确方式，使夹紧力作用在稳定受力区内。

（3）夹紧力作用点应尽可能靠近加工表面。在加工过程中，切削力一般容易引起工件的转动和振动，夹紧力作用点应尽可能靠近加工表面，可使得切削力对夹紧作用点的力矩变小，以减小工件转动趋势或变形。如图 3-10 所示的插齿加工中，图 3-10（a）中夹紧螺母下的圆锥形压板的直径过小，对防止振动不利，应改为图 3-10（b）所示的结构。

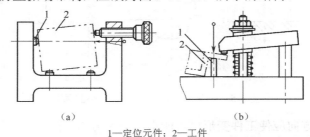

1—定位元件；2—工件

图 3-8　夹紧力作用点位置不正确

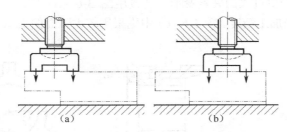

图 3-9　夹紧的稳定性

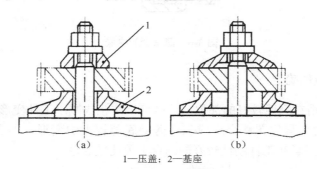

1—压盖；2—基座

图 3-10　夹紧力作用点应靠近加工表面

3．夹紧力大小的估算

对工件所施加的夹紧力要适当。夹紧力过大，会引起工件变形；夹紧力过小，易破坏定位。将工件视为一个分离体，分析作用在工件上的各种力，再根据力系平衡条件，确定保持工件平衡所需的最小夹紧力；夹紧力的大小根据切削力、工件重力的大小、方向和相互位置关系具体计算，并乘以安全系数 K，以此作为所需的夹紧力，即

$$F_{J实}=KF_{J理} \tag{3-1}$$

式中　$F_{J实}$——实际所需的夹紧力（N）；

　　　$F_{J理}$——按静力平衡条件计算出来的理论夹紧力（N）；

　　　K——安全系数，一般精加工 $K=1.5\sim2$，粗加工 $K=2.5\sim3$。

【例 3-1】　估算铣削时所需的夹紧力。

解： 如图 3-11 所示为工件铣削加工的情况。当开始铣削时情况最为不利，此时铣削到切削深度为最大时，引起工件绕止推支承 5 翻转为最不利的情况，其翻转力矩为切削力矩 $F \cdot L$；

而阻止工件翻转的支承 2、6 上的摩擦力矩为 $F_{N1}fL_1 + F_{N2}fL_2$（f 为工件与导向支承间的摩擦系数），工件重力及压板与工件间的摩擦力可以忽略不计。

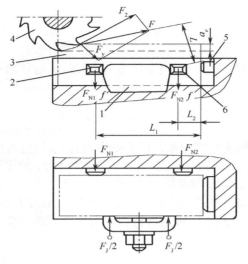

1—压板；2，5，6—定位元件；3—工件；4—铣刀

图 3-11　铣削时夹紧力的估算

当 $F_{N2}=F_{N1}=F_J/2$ 时，根据静力平衡条件，得

$$FL = \frac{F_J}{2}fL_1 + \frac{F_J}{2}fL_2 \tag{3-2}$$

可求出最小理论夹紧力 F_J 为

$$F_J = \frac{2FL}{f(L_1 + L_2)} \tag{3-3}$$

考虑安全系数，实际夹紧力 $F_{J实}$ 为

$$F_{J实} \geqslant KF_J = \frac{2KF}{f(L_1 + L_2)} \tag{3-4}$$

3.2　基本夹紧机构

夹紧机构是夹紧装置中一个很重要的组成部分，因为不论采用哪种形式的力源，只有通过夹紧机构才能将这些外加的作用力转化为夹紧力。在各种夹紧机构中，起基本夹紧作用的多为斜楔、偏心、螺旋、杠杆、薄壁弹性元件等夹紧元件，而其中以斜楔、偏心、螺旋和铰链以及由它们组合而成的夹紧装置应用最为普遍。

3.2.1 斜楔夹紧机构

1. 夹紧原理

斜楔夹紧机构如图 3-12 所示。斜楔主要是利用其斜面的移动和所产生的压力来夹紧工件的，即楔紧作用。

2. 夹紧力计算

如图 3-13 所示，以斜楔为研究对象，斜楔受作用力 F_Q 以后产生夹紧力 F_J，则斜楔与工件相接触的一面受到工件对它的反力（夹紧力）F_J 和摩擦力 F_1 的作用，而斜楔与夹具体相接触的一面受到夹具体给它的反力 F_N 和摩擦力 F_2 的作用。在上述五个力的作用下，斜楔处于平衡状态。将 F_J 与 F_1 合成为 F_{R1}，摩擦角为 φ_1；将 F_N 和 F_2 合成为 F_{R2}，摩擦角为 φ_2。再将 F_{R2} 分解成垂直分力 F_J' 和水平分力 F_{Rx}。夹紧时根据静力平衡原理，有

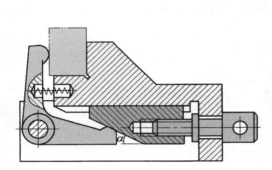

图 3-12　斜楔夹紧机构

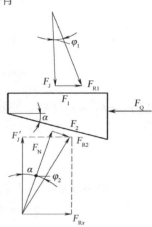

图 3-13　斜楔夹紧受力图

$$F_Q = F_1 + F_{Rx}, \quad F_J' = F_J \tag{3-5}$$

而 $F_1 = F_J \tan\varphi_1$，$F_{Rx} = F_J \tan(\alpha + \varphi_2)$

所以

$$F_J = \frac{F_Q}{\tan\varphi_1 + \tan(\alpha + \varphi_2)} \tag{3-6}$$

式中　F_J——斜楔对工件的夹紧力（N）；

　　　F_Q——加在斜楔上的作用力（N）；

　　　α——斜楔升角（°）；

　　　φ_1——斜楔与工件间的摩擦角（°）；

　　　φ_2——斜楔与夹具体间的摩擦角（°）。

设 $\varphi_1 = \varphi_2 = \varphi$，当 α 很小时（$\alpha \leqslant 10°$），可用下式进行近似计算：

$$F_J = \frac{F_Q}{\tan(\alpha + 2\varphi)} \tag{3-7}$$

3．自锁条件

当作用力 F_Q 去除后，斜楔受到 F_1、F_{Rx} 相反方向力的作用，要能自锁（当外力 F_Q 消失后，机构在摩擦力作用下，仍能夹紧工件的能力），必须满足下式：

$$F_1 > F_{Rx} \tag{3-8}$$

而 $F_1 = F_J \tan\varphi_1$，此时 $F_{Rx} = F_J \tan(\alpha - \varphi_2)$，代入式（3-8），得

$$\tan\varphi_1 > \tan(\alpha - \varphi_2) \tag{3-9}$$

因为 φ_1、φ_1、α 都很小，式（3-9）可简化为 $\varphi_1 > \alpha - \varphi_2$，或

$$\alpha < \varphi_1 + \varphi_2 \tag{3-10}$$

即斜楔的自锁条件是：斜楔的升角小于斜楔与工件、斜楔与夹具体之间的摩擦角之和。一般 $\varphi_1 = \varphi_2 = 5° \sim 7°$，故 $\alpha < 10° \sim 14°$ 时自锁（通常取 $\alpha = 6° \sim 8°$）。当取 $\alpha = 6°$ 时，斜楔的斜度为 $\tan 6° = 0.1 = 1/10$，所以斜楔的斜度常取 1：10，如图 3-14 所示。

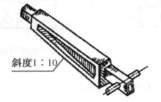

图 3-14　可自锁的斜楔结构

为保证自锁可靠，手动夹紧机构一般取 $\alpha = 6° \sim 8°$；用气压或液压装置驱动的斜楔不需要自锁，可取 $\alpha = 15° \sim 30°$。

4．夹紧特点

（1）有增力作用。扩力比 $i = F_J / F_Q$，约等于 3。

（2）夹紧行程小。斜楔的移动行程 L 与夹紧行程 S 之比：$L/S = \tan\alpha$，故当移动行程 L 一定时，α 越小，夹紧行程 S 也越小。

（3）结构简单，但操作不方便。

5．适用范围

斜楔夹紧装置常用在工件尺寸公差较小的夹紧装置中，主要用于机动夹紧，且毛坯质量较高的场合。斜楔工作长度应满足夹紧要求，其厚度应保证热处理时不变形，小头厚度应大于 5mm 为宜。

斜楔材料一般用 20 钢渗碳，渗碳厚度 0.8～1.2mm，淬硬 58～62HRC。批量不大时也可用 45 钢，淬硬 42～46HRC。

如图 3-15 所示是几种利用斜楔夹紧机构夹紧工件的例子。图 3-15（a）中用斜楔直接夹紧工件。用于在工件上钻成 90° 方向的 $\phi8$mm、$\phi5$mm 的两个孔，工件装入后敲击斜楔大头，夹紧工件，钻好孔后，敲击斜楔小头，松开工件。该机构夹紧力较小，操作费时。图 3-15（b）所示是将斜楔与滑柱合成为一个夹紧机构，既可以手动，也可以气动驱动。图 3-15（c）所示是端面斜楔与杠杆组合的夹紧机构。

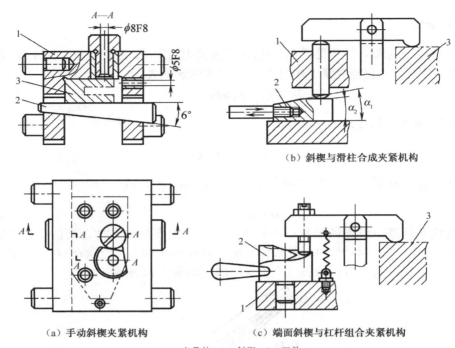

（b）斜楔与滑柱合成夹紧机构

（a）手动斜楔夹紧机构 （c）端面斜楔与杠杆组合夹紧机构

1—夹具体；2—斜楔；3—工件

图 3-15 常用的斜楔夹紧机构实例

3.2.2 偏心夹紧机构

偏心夹紧机构是指用偏心件作为夹紧元件，直接夹紧或和其他元件组合而实现夹紧工件的机构。常用的偏心件有圆偏心件和轴偏心件两种。

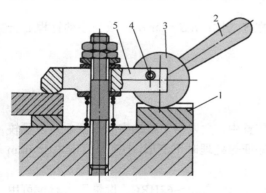

1—垫板；2—手柄；3—偏心轮；4—销轴；5—压板

图 3-16 偏心轮-压板夹紧机构

如图 3-16 所示是一种常见的偏心轮-压板夹紧机构，当顺时针转动手柄 2 使偏心轮 3 围绕销轴 4 转动时，偏心轮的圆柱面紧压在垫板 1 上，由于垫板的反作用力的作用，使偏心轮上移将压板 5 右端抬起，左端下压而夹紧工件。

1. 夹紧原理

偏心夹紧实质是一种斜楔夹紧，但各点升角不等，如图 3-17 所示，m、n 处升角为 0°，p 处升角最大。

图 3-17（a）所示为以 D 为直径，偏心距为 e 的偏心轮，该偏心轮的工作部分（起夹紧作用的部分）为轮缘上 $\overset{\frown}{mpn}$ 部分，若将其展开后就会得到如图 3-17（b）所示的曲线楔。所以圆偏心夹紧的实质就是一种斜楔夹紧。如果绕转轴（轴心 O_1）顺时针转动偏心轮，则该曲线上各点的升角是不相等的，这也就是圆偏心夹紧的特点。由于 p 点的升角 α_p 最大，所以在设计偏心夹紧机构时应以 p 点为依据，以使偏心夹紧机构所产生的夹紧力和自锁性能都能满足设计要求。

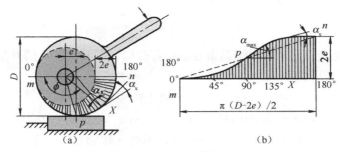

图 3-17　偏心夹紧原理

2. 夹紧力计算

如图 3-18（a）所示，作用在手柄上的原始力矩 QL 使偏心轮转动，相当于在夹压点 p 处作用了一个力 Q' 使偏心轮转动一样，这两个力矩是完全等效的，即

$$Q'\rho = QL$$

$$Q' = \frac{QL}{\rho} \tag{3-11}$$

根据图 3-18（b）所示的平衡条件，可得

$$F_1' + F_2 = Q' \tag{3-12}$$

而 $F_1' = Q\tan(\alpha_p + \varphi_1)$，$F_2 = F_J\tan\varphi_2$，$Q' = \dfrac{QL}{\rho}$。

代入式（3-12），得

$$F_J = \frac{QL}{\rho\left[\tan\varphi_1 + \tan(\alpha_p + \varphi_2)\right]} \tag{3-13}$$

式中　Q——作用于圆偏心轮手柄上的夹紧力（N）；

　　　L——力臂长度（mm）；

　　　ρ——转动中心 O_2 到作用点 p 的距离（mm）；

　　　α_p——圆偏心轮升角（°）；

　　　φ_1——圆偏心轮与工件之间的摩擦角（°）；

　　　φ_2——圆偏心轮与转轴之间的摩擦角（°）。

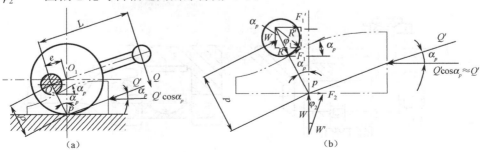

图 3-18　偏心轮夹紧的受力分析

3. 自锁条件

当 p 点夹紧时能自锁，则可保证其余各点均可自锁，即其他各点的升角便都小于摩擦角，因此，圆偏心夹紧的自锁条件是

$$\alpha_p \leqslant \varphi_1 + \varphi_2 \tag{3-14}$$

已知 $\sin \alpha_p = 2e/D$，而 α_p 很小时可近似得出：$\sin \alpha_p \approx \tan \alpha_p = 2e/D$。又 $\tan \varphi_1 = \mu$（μ 为圆偏心轮与工件之间的摩擦系数），为安全起见，不考虑转轴之间的摩擦（$\varphi_2 = 0°$），将以上参数代入式（3-14），可得

$$2e/D \leqslant \mu \tag{3-15}$$

取 $\mu = 0.1 \sim 0.15$，可得出自锁的条件是

$$D/e \geqslant 14 \sim 20 \tag{3-16}$$

D/e 称偏心轮的偏心特性，表示偏心轮的工作可靠性。

4. 夹紧特点

偏心夹紧机构的特点是结构简单、动作迅速，但它的夹紧行程受偏心距 e 的限制，夹紧力较小。

5. 适用范围

一般用于工件被夹压表面的尺寸变化较小和切削过程中振动不大的场合，多用于小型工件的夹具中。对于受压面的表面质量有一定的要求，受压面的位置变化也要较小。

如图 3-19 所示是几种常用的偏心夹紧机构夹紧工件的例子。图 3-19（a），（b）中用的是圆偏心轮，图 3-19（c）中用的是偏心轴，图 3-19（d）中用的是偏心叉。

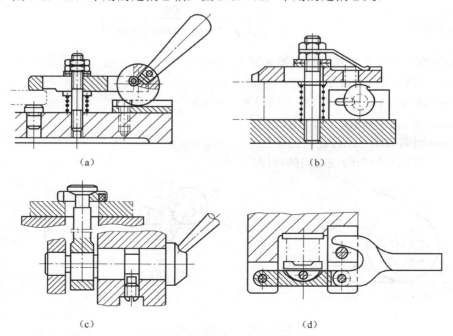

（a）

（b）

（c）

（d）

图 3-19　常用的偏心夹紧机构实例

偏心轮的结构已标准化（GB/T 2191—1991～GB/T 2194—1991），标准偏心轮的结构见图 3-20。图 3-20（a），（b）所示是空套在轴上转动的偏心轮，而轴是固定不动的；图 3-20（c），（d）所示的偏心轮则随转轴一起转动，偏心轮非工作表面可根据装卸工件的方便切去一部分外形，也可采用双面偏心轮同时夹紧两个工件，见图 3-20（d）。

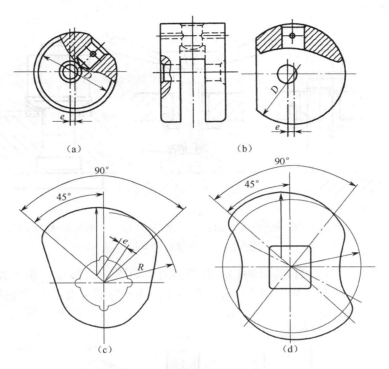

图 3-20　标准偏心轮的结构

偏心轮的材料一般可选用 20 钢或 20Cr 钢，工作表面渗碳淬火至 55～60HRC，表面粗糙度值 Ra 为 0.8μm。

3.2.3　螺旋夹紧机构

1．夹紧原理

螺旋夹紧机构中所用的螺旋，实际上相当于把斜楔绕在圆柱体上，因此，其作用原理与斜楔是一样的。只不过是这时通过转动螺旋，使绕在圆柱体上的斜楔高度发生变化，而产生夹紧力来夹紧工件。

2．结构类型

螺旋夹紧机构的结构形式很多，但从夹紧方式来分，可分为单个螺旋夹紧机构和螺旋压板夹紧机构两种。

1）单个螺旋夹紧机构

图 3-21 所示是直接用螺钉或螺母夹紧工件的机构，称为单个螺旋夹紧机构。

图 3-21（a）所示为直接用螺钉压在工件表面，易损伤工件表面；图 3-21（b）所示为典型的螺栓夹紧机构，在螺栓头部装有摆动压块，可以防止螺钉转动损伤工件表面或带动工件旋转，图 3-21（c）所示是一种螺旋压板式组合夹紧机构。由于这类夹紧机构结构简单、制造方便、夹紧可靠、夹紧行程大、通用性好，所以在生产中被广泛采用。它的主要缺点是夹紧和松开工件时比较费时费力。

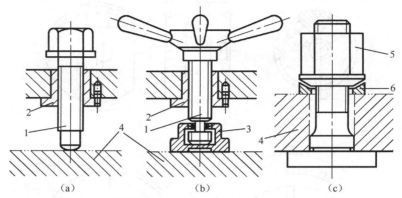

1—螺钉；2—螺母套；3—摆动压块；4—工件；5—球面带肩螺母；6—球面垫圈

图 3-21　单个螺旋夹紧机构

压块已标准化（GB/T 2172—1991），典型的结构如图 3-22 所示。图 3-22（a）所示为 A 型，端面是光滑的，用于夹紧已加工表面；图 3-22（b）所示为 B 型，端面有齿纹，用于夹紧毛坯面。

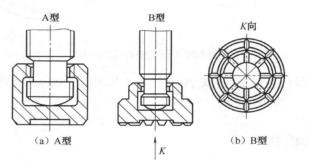

（a）A 型　　　　（b）B 型

图 3-22　压块典型结构

图 3-23（a）所示使用了开口垫圈，在螺母的一方增加开口垫圈，螺母的外径小于工件内孔直径，只要稍微放松螺母，即可抽出垫圈，工件便可从螺母中取出。图 3-23（b）所示采用了快卸螺母。螺母孔内钻有光孔，其孔径略大于螺纹的外径，螺母斜向沿光孔套入螺杆，然后将螺母摆正，使螺母的螺纹与螺栓啮合，再拧动螺母，便可夹紧工件。但螺母的螺纹部分被切去一部分，因此啮合部分减小，夹紧力不能太大。在图 3-23（c）中，夹紧轴 1 上的直槽连着螺旋槽，先推动手柄 2，使摆动压块迅速靠近工件，继而转动手柄，夹紧工件并自锁。图 3-23（d）中的手柄 2 推动螺杆沿直槽方向快速接近工件，后将手柄 3 拉至图示位置，再转动手柄 2 带动螺母旋转，因手柄 3 的限制，螺母不能右移，致使螺杆带着摆动压块往左移动，从而夹紧工件。松夹时，只要反转手柄 2，稍微松开后，即可推开手柄 3，为手柄 2 的快速右移让出空间。

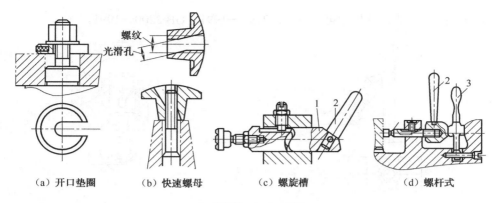

（a）开口垫圈　　（b）快速螺母　　（c）螺旋槽　　　　（d）螺杆式

1—夹紧轴；2，3—手柄

图 3-23　快速螺旋夹紧机构

2）典型的螺旋压板夹紧机构

螺旋压板夹紧机构的结构形式较多，图 3-24 所示就是其中的典型代表。图 3-24（a）所示夹紧力 F 小于作用力 P，主要用于夹紧行程较大的场合。图 3-24（b）所示可通过调整压板的杠杆比，实现增大夹紧力和夹紧行程的目的。图 3-24（c）所示是铰链压板机构，主要用于增大夹紧力的场合。

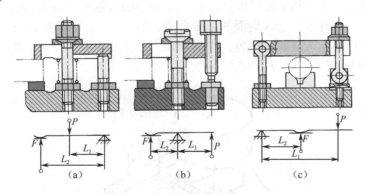

图 3-24　典型的螺旋压板夹紧机构

在这三种形式中，若外力一定，当 $L_1=L_2$ 时，它们所能产生的夹紧力以图 3-24（c）所示最大，图 3-24（b）所示次之，图 3-24（a）所示最小。

上述各种螺旋夹紧机构的结构尺寸均已标准化，需要时可参考国家标准进行设计。

3）特殊结构的螺旋压板夹紧机构

对于图 3-24 所示的三种典型螺旋压板夹紧机构，当工件的高度发生变化时，还要进行适当的调整，这就需要一定的辅助时间。如采用一些特殊结构的螺旋压板，如图 3-25（a）所示的自调式压板，可使高度在 100mm 内的不同工件无须进行调节，达到使用方便的目的。

如在加工时，因装卸工件需要将压板进行一定角度的回转，可采用图 3-25（b）所示的自动回转的钩形压板。当汽缸或油缸的活塞通过活塞杆带动钩形压板（抬起）松开工件的同时，压板套筒上的螺旋槽使压板自动回转离开工件，方便装卸工件；当压板下移时，又自动回转至工件上方并夹紧工件。这样利用螺旋槽与螺钉端部的配合实现自动回转，避免了每次在装卸工件时都要转动钩形压板的麻烦。

钩形压板的标准结构及尺寸可详见 GB 2196—1991～GB 2200—1991。

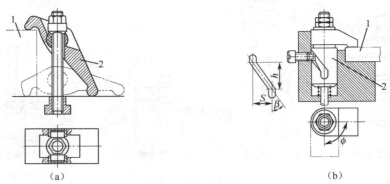

（a）   （b）

1—工件；2—压板

图 3-25　特殊结构的螺旋压板

3．夹紧力计算

图 3-26 所示为夹紧状态下螺杆的受力示意图。施加在手柄上的原始力矩 $M=F_QL$，工件对螺杆产生反作用力 F_J'（其大小等于夹紧力）和摩擦力 F_2，F_2 分布在整个接触面上，计算时可看成集中作用于当量摩擦半径 r' 的圆周上。r' 的大小与端面接触形式有关，其计算方法见表 3-1。螺母对螺杆的反作用力有垂直于螺旋面的正压力 F_N 及螺旋上的摩擦力 F_1，其合力为 F_{R1}，此力分布于整个螺旋接触面，计算时认为其作用于螺旋中径处。为了便于计算，将 F_{R1} 分解为水平方向分力 F_{Rx} 和垂直方向分力 F_J（其大小与 F_J' 相等）。

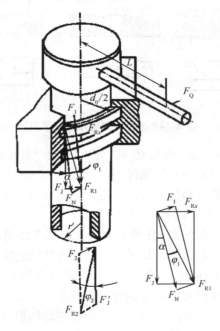

图 3-26　螺杆的受力示意图

根据力矩平衡条件得

$$F_Q L = F_2 r' + F_{Rx} \frac{d}{2} \tag{3-17}$$

因 $\qquad F_2 = F_J \tan\varphi_2$ ， $F_{Rx} = F_J \tan(\alpha + \varphi_1)$

代入式（3-17）得

$$F_J = \frac{F_Q L}{r' \tan\varphi_2 + \dfrac{d_0}{2} \tan(\alpha + \varphi_1)} \tag{3-18}$$

式中　F_J——夹紧力（N）；

$\qquad F_Q$——作用力（N）；

$\qquad L$——作用力臂（mm）；

$\qquad d_0$——螺纹中径（mm）；

$\qquad \alpha$——螺纹升角（°）；

$\qquad \varphi_1$——螺纹处摩擦角（°）；

$\qquad \varphi_2$——螺杆端部与工件间的摩擦角（°）；

$\qquad r'$——螺杆端部与工件间的当量摩擦半径（mm），见表 3-1。

表 3-1　螺纹端部的当量摩擦半径

形　式	简　图	当量摩擦半径 r' /mm
点接触		0
平面接触		$\dfrac{1}{3}d_0$
圆周线接触		$R\cot\dfrac{\beta_1}{2}$
圆环面接触		$\dfrac{1}{3}\times\dfrac{D^3-d^3}{D^2-d^2}$

4．夹紧特点

螺旋夹紧的特点如下。

（1）结构简单，制造方便，自锁性好，夹紧可靠；

（2）夹紧力比斜楔夹紧力大，螺旋夹紧行程不受限制，在手动夹紧中应用较广泛；

（3）螺旋夹紧的缺点是动作慢，辅助时间长，效率低。

5．适用范围

在手动夹紧机构中，螺旋夹紧机构应用广泛；在实际生产中，螺旋压板组合夹紧比单螺旋夹紧应用更为普遍。

3.2.4　铰链夹紧机构

1．夹紧原理

铰链夹紧机构是由铰链杠杆组合而成的一种增力机构，图 3-27 所示为单臂铰链夹紧机构，图中铰链臂 3 两端用铰链连接，一端带有滚子 2，滚子由汽缸活塞杆推动，可在垫块 1 上来回运动。当滚子处在垫块之外时，使压板 4 自动抬起，以便装卸工件；滚子向右运动时，通过铰链臂 3 使压板 4 压紧工件。

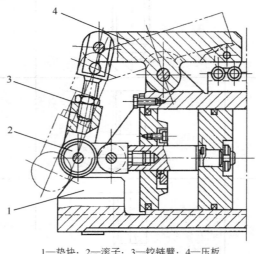

1—垫块；2—滚子；3—铰链臂；4—压板

图 3-27　单臂铰链夹紧机构

2．夹紧力计算

单臂铰链夹紧机构夹紧力 F_J 的计算公式是

$$F_J = \frac{F_Q}{\tan(\alpha_j + \varphi') + \tan\varphi_1'} \tag{3-19}$$

式中　α_j——铰链臂的夹紧起始倾角（°）；

　　　φ'——臂两端的当量摩擦角（°），$\tan\varphi' \approx \dfrac{2r}{L}\tan\varphi_1$；

φ_1'——滚子滚动当量摩擦角（°），$\tan\varphi_1' \approx \dfrac{r}{R}\tan\varphi_1$；

$\tan\varphi_1$——铰链轴承和滚子轴承中的摩擦系数；

L——臂上两铰链孔中心距（mm）；

R——滚子半径（mm）；

r——铰链和滚子轴半径（mm）。

【**例 3-2**】　已知 $\alpha_j = 10°$，$\varphi_1 = 6°$，$r/L = 0.1$，$r/R = 0.5$，试计算单臂铰链夹紧机构的增力比。

解： 将已知数据代入，有 $\tan\varphi' \approx \dfrac{2r}{L}\tan\varphi_1$，可计算出 $\varphi' = 1°12'$。

同理可得：$\tan\varphi_1' = 0.053$。

单臂铰链夹紧机构的增力比是

$$i = \frac{F_J}{F_Q} = \frac{1}{\tan(\alpha_j + \varphi') + \tan\varphi_1'}$$

代入数据，得

$$i \approx 4$$

即单臂铰链夹紧机构比斜楔夹紧机构的增力比要大。

3．自锁条件

自锁性能差，通常不宜单独使用。

4．夹紧特点

其结构简单，具有增力倍数较大，摩擦损失较小的优点，但无自锁性能。它常与动力装置（汽缸、液压缸等）联用，在气动铣床夹具中应用较广。图 3-28 所示就是一个应用实例，压缩空气进入汽缸后，汽缸 1 经铰链扩力机构 2，推动压板 3、4 同时将工件夹紧。铰链夹紧机构也用于其他机床夹具。

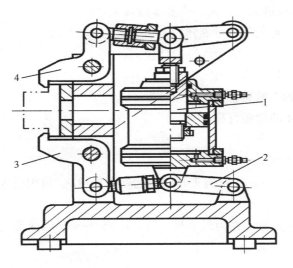

1—汽缸；2—扩力机构；3，4—压板

图 3-28　双臂双作用的铰链夹紧机构

5．基本类型

图 3-29 所示为铰链夹紧机构的五种基本类型。图 3-29（a）所示为单臂铰链夹紧机构（Ⅰ型），图 3-29（b）所示为双臂单向作用的铰链夹紧机构（Ⅱ型），图 3-29（c）所示为双臂单向作用带移动柱塞的铰链夹紧机构（Ⅲ型），图 3-29（d）所示为双臂双向作用的铰链夹紧机构（Ⅳ型），图 3-29（e）所示为双臂双向作用带移动柱塞的铰链夹紧机构（Ⅴ型）。

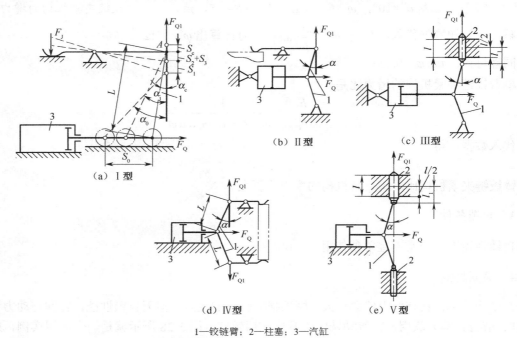

1—铰链臂；2—柱塞；3—汽缸

图 3-29　铰链夹紧机构的基本类型

图 3-29（a）所示铰链夹紧机构的主要参数含义是：

（1）α_0 为铰链臂的起始行程倾斜角。

（2）S_0 为受力点的行程，即为汽缸的行程 x_0。

（3）α_j 为铰链臂夹紧时的起始倾斜角。

（4）α_c 为铰链臂的夹紧储备角。

（5）S_c 为夹紧端 A 的储备行程。

（6）S_1 为装卸工件的空行程。

（7）S_2+S_3 为夹紧行程。

由表 3-2 中的公式计算出铰链臂夹紧时的起始倾斜角 α_j，再根据 S_1 和 α_j 算出铰链臂的起始行程倾斜角 α_0。

在实际应用中，当夹紧工件为最小尺寸时，$\alpha \geqslant 5° \sim 8°$，以保证夹紧可靠。

表 3-2　Ⅰ型铰链机构主要参数的计算

计 算 参 数	计 算 公 式	计 算 参 数	计 算 公 式
α_c	$\alpha_c = 5° \sim 10°$	F_J	$F_J = i_F F_Q$
S_c	$S_c = L(1 \sim \cos \alpha_c)$	α_0	$\alpha_0 = \arccos \dfrac{L \cos \alpha_j - S_1}{L}$
α_j	$\alpha_j = \arccos \dfrac{L \cos \alpha_c - (S_2 + S_3)}{L}$	S_0	$S_0 = L(\sin \alpha_0 - \sin \alpha_c)$
i_F	$i_F = \dfrac{1}{\tan(\alpha_j + \beta) + \tan \varphi_1}$	X_0	$X_0 = S_0$

注：i_F 为铰链机构的增力比；β 为铰链臂的摩擦角；$\tan \varphi_1$ 为滚子支承面的当量摩擦系数；L 为铰链臂两头铰接点之间的距离。

3.3　其他夹紧机构

3.3.1　定心夹紧机构

定心夹紧机构也称自动定心机构，它使工件的定位与夹紧同时完成，如车床上的三爪卡盘、弹簧夹头等。其共同特点是定位与夹紧使用同一元件，利用该元件的等速趋近或退离，完成工件的定位夹紧或松开。

定心夹紧机构主要适用于几何形状对称，并以对称轴线、对称中心或对称平面为工序基准的工件的定位夹紧，它可以保证工件的定位基准与工序基准重合，使工件定位基面的尺寸公差对称分布，保持良好的定心或对中作用。

图 3-30 所示为螺旋定心夹紧机构，夹紧螺杆 1 两端分别有旋向相反的左、右螺纹，当旋转夹紧螺杆 1 时，通过左、右螺纹带动两个钳口 2 和 3 同时移向中心而起定心夹紧作用。夹紧螺杆 1 的中间有沟槽，卡在叉形零件 4 上，叉形零件的位置可以通过螺钉 5 进行调整，以保证所需要的工件中心位置，调整完毕后用锁紧螺钉 6 固定。

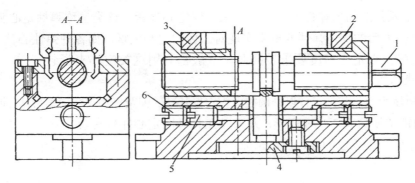

1—夹紧螺杆；2，3—钳口；4—钳口定心叉；5—钳口对中调节螺钉；6—锁紧螺钉

图 3-30　螺旋定心夹紧机构

定心夹紧机构形式很多，从定心原理来分，有以下两类。

1. 等速位移原理

定位-夹紧元件按等速位移原理来均分工件定位面的尺寸误差，实现定心或对中。这类定心夹紧机构常用左右螺旋、斜楔、双面偏心轮、齿轮齿条等作为传动件，带动工作元件做等速移动，实现定心夹紧作用，其工作原理如图 3-31 所示。图 3-31（a）所示为左右螺旋机构，图 3-31（b）所示为斜楔——滑柱机构，图 3-31（c）所示为铰链杠杆机构。

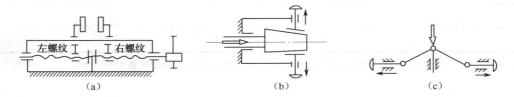

图 3-31　等速移动定心夹紧工作原理

图 3-32 所示为锥面定心夹紧心轴，向里转动螺母 2，左锥套向里移动，右锥面由螺杆拉出，同时顶出滑块 1 压紧工件。

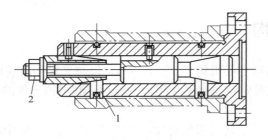

1—滑块；2—螺母

图 3-32　锥面定心夹紧心轴

这类定心夹紧装置，由于制造误差和组成元件间的间隙较大，故定心精度不高，为 0.16～0.2mm，但夹紧力和夹紧行程较大，所以常用于粗加工和半精加工。

2. 均匀弹性变形原理

定位-夹紧元件的均匀弹性变形原理用来实现定心夹紧。该类也称弹性定心夹紧机构，它利用弹性元件受力后的均匀弹性变形来实现对工件的定心夹紧，如各种弹性心轴、弹性筒夹、液性塑料夹头等。当定心精度要求较高时，一般都利用这类定心夹紧装置。

1）弹簧夹头

图 3-33 所示为用于装夹工件以外圆柱面为定位基准的弹簧夹头。转动螺母 4，通过插入锥套 3 环形槽中的销子使筒夹 2 收缩变形，从而使工件外圆定心并被夹紧。

其定心精度一般可达 0.04～0.1mm。

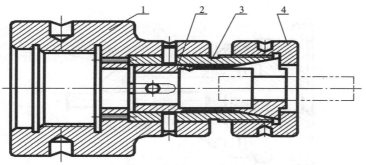

1—夹具体；2—筒夹；3—锥套；4—螺母

图 3-33　弹簧夹头

2）鼓膜式

图 3-34 所示为鼓膜式定心夹紧装置。其上有 6～12 个悬伸的夹爪 2，每个夹爪上都有可调螺钉 3 以适应不同直径工件的安装。外力 Q 通过推杆 8 作用在弹性盘上的膜片 5，从而产生弹性使夹爪张开，装上工件去掉外力后，夹爪靠弹性恢复力均匀收拢而定心夹紧工件。

这种定心夹紧装置结构紧凑、操作方便、动作迅速、定心精度高，可达 0.005～0.01mm。但因夹紧行程小，对工件定位基面精度要求高，夹紧力也较小，一般适用于精加工。

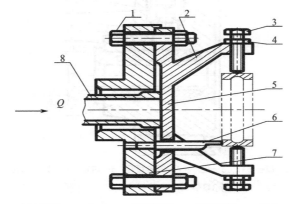

1—固定螺栓；2—夹爪；3—可调螺钉；4—锁紧螺母；5—膜片；
6—端面定位支承；7—夹具体；8—推杆

图 3-34　鼓膜式定心夹紧装置

3）蝶型簧片式

将工件定位基准孔套在由蝶型簧片叠在一起所组成的心轴上，当外力使拉杆左移时，蝶型簧片便径向胀开而自动定心夹紧工件。

图 3-35 所示为蝶型簧片式定心夹紧装置。4 和 6 是二列左、右蝶型簧片（其数目越多，夹紧力越大），旋转夹紧螺钉 3 时，弹簧由于受力变形，外径增大，从而将工件定心夹紧。

蝶型簧片受压后其径向变形量可达 0.2～0.5mm，因此夹紧行程大，其定心精度可达 0.01～0.03mm。

4）液性介质式

在夹具体与弹性薄壁套筒之间的密闭腔内注入液性介质（如液性塑料、油液等），通过对液性介质的挤压，使薄壁套筒产生均匀的径向弹性变形，从而定心夹紧工件。

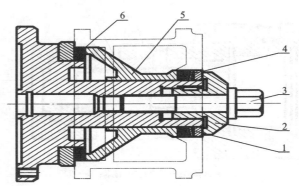

1—压环；2—压套；3—夹紧螺钉；4、6—左、右蝶型簧片；5—中间套

图 3-35　蝶型簧片式定心夹紧装置

图 3-36 所示为液性塑料定心夹紧装置，是一种以液性塑料为介质传递作用力的高精度夹具。薄壁套筒 6 压入心轴体 1，二者之间的环形槽里注满液性塑料，当旋转加压螺钉 2 时，柱塞 3 挤压液性塑料 7，由于液性塑料的不可压缩性，迫使薄壁套筒 6 做径向均匀胀大，使工件得以定心夹紧。这种定心夹紧装置夹紧力均匀，定心精度也较高，一般可达 0.01～0.02mm。

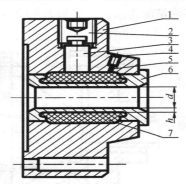

1—心轴体；2—加压螺钉；3—柱塞；4—紧定螺钉；5—堵塞；6—薄壁套筒；7—液性塑料

图 3-36　液性塑料定心夹紧装置

3.3.2　联动夹紧机构

在夹紧机构设计中，有时需要对一个工件上的几个点或对多个工件同时进行夹紧。此时，为了减少工件装夹时间，简化结构，常常采用各种联动夹紧机构。这种机构要求从一处施力，可同时在几处（或几个方向上）对一个或几个工件同时进行夹紧。

联动夹紧机构是一种高效夹紧机构，它可通过一个操作手柄或一个动力装置，对一个工件的同一方向或不同方向的多点进行均匀夹紧或同时夹紧若干工件。前者称为多点联动夹紧，后者称为多件联动夹紧。

1．多点联动夹紧机构

1）浮动压头

其特点是具有一个浮动元件（如图 3-37 所示），当其中的某一点夹压后，浮动元件就会摆动或移动，直到另一点也接触工件均衡压紧工件为止。图 3-38 所示为两点对向联动夹紧机构，当液压缸中的活塞杆 3 向下移动时，通过双臂铰链使浮动压板 2 相对转动，最后将工件 1 夹紧。

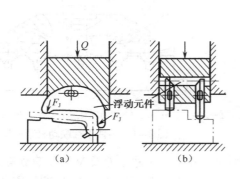

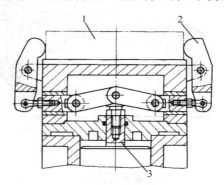

1—工件；2—浮动压板；3—活塞杆

图 3-37　同向多点浮动压头示意图　　　　图 3-38　两点对向联动夹紧机构

2）夹紧力方向相同

在图 3-39 中，拧紧螺母 1，通过螺旋夹紧机构可带动平衡杠杆 2 转动，使另一侧螺旋夹紧机构工作，则使得两压板同时均匀夹紧工件。该装置的特点是：两个夹紧力方向相同。

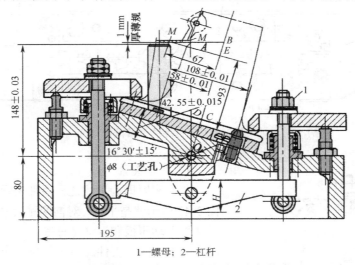

1—螺母；2—杠杆

图 3-39　铣斜面夹具内的单件联动夹紧装置

3）夹紧力方向相互垂直

在图 3-40 中，摇臂 2 可以转动并与浮动压板 1、3 铰链连接，当拧紧螺母 4 时，就可从两个方向均匀夹紧工件。

2. 多件联动夹紧机构

多件联动夹紧机构一般用于小型工件的夹紧，在铣床夹具中应用广泛。根据夹紧方式和夹紧方向的不同，可分为平行夹紧、连续夹紧、对向夹紧和复合夹紧等。

1）平行夹紧

图 3-41 所示为多件平行联动夹紧机构。由于压板 2、摆动压块 3 和球面垫圈 4 可以相对转动，均是浮动件，故旋动螺母 5 即可同时平行夹紧每个工件。

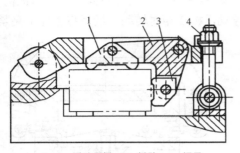

1，3—浮动压板；2—摇臂；4—螺母

图3-40　双向联动夹紧机构

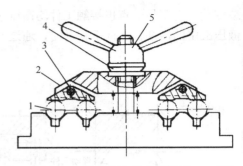

1—工件；2—压板；3—摆动压块；4—球面垫圈；5—螺母

图3-41　多件平行联动夹紧机构

在一次装夹多个工件时，若采用刚性压板，则因工件存在尺寸偏差及 V 形块有误差，使得各工件所受的力不等或夹不住，为使每个工件都能均匀地被夹紧，可在压板上装上浮动压块，工件多于两个时，浮动压块之间采用浮动连接。

2）连续夹紧

图 3-42 所示为多件连续夹紧机构。

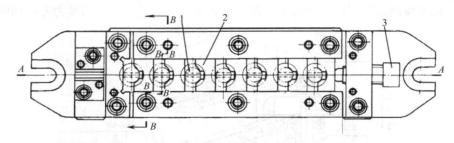

图3-42　多件连续夹紧机构

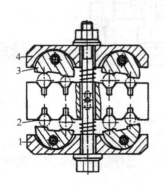

1，4—压板；2—工件；3—摆动压块

图3-43　复合式多件联动夹紧机构

3）复合夹紧

复合夹紧即为上述几种多件夹紧方式的组合形式。图 3-43 所示就是平行、对向两种夹紧方式的组合，采用了两块浮动压板和浮动螺杆等三个浮动件，该装置能同时均匀夹紧四个工件。

设计联动夹紧机构时应注意如下几点。

（1）由于联动机构动作和受力情况比较复杂，应仔细进行运动分析和受力分析，以确保设计意图的实现。

（2）在联动机构中要充分注意在哪些地方设置浮动环节如铰链、球面垫圈等，要注意浮动的方向和浮动大小，要注意设置必要的调整环节，保证各夹紧均衡，运动不发生干涉。

（3）各压板都能很好地松夹，以便装卸工件。

（4）要注意整个机构和传动受力环节的强度和刚度。

（5）联动机构不要设计得太复杂，注意提高可靠性并适当降低制造成本。

3.4　夹具的动力装置

　　夹具的动力源有手动、气压、液压、电动、电磁、真空吸力等。随着自动化和半自动化设备的推广，以及在大批量生产中要求尽量减轻操作人员的劳动强度，现在大多采用气动、液压等夹紧方式来代替手工夹紧，这类夹紧机构还能进行远距离控制，其夹紧力可保持稳定，机构也不必考虑自锁，夹紧质量比较高。

　　选择动力源时应遵循的原则是：

　　（1）经济性原则。采用某一种动力源时，首先应考虑使用的经济效益，既要使动力源设施的投资少，还应使夹具结构简化，降低夹具的制造成本。

　　（2）与夹紧机构的适应性。动力源的确定在一定程度上决定了所采用的夹紧机构，因此动力源必须与夹紧机构的结构特性、技术参数等相适应。

3.4.1　手动动力源

　　选用手动动力源的夹紧系统一定要具有可靠的自锁性能以及较小的原始作用力，故手动动力源多用于螺旋夹紧机构和偏心夹紧机构的夹紧系统。设计这种夹紧装置时，应考虑操作者体力和情绪的波动对夹紧力大小波动的影响，应选用较大的裕度系数。

3.4.2　液压动力源

　　当在几台非液压机床上使用液压夹具，并采用集中泵站供油方式时，可以看到液压夹紧装置的优越性。

1．液压装置的特点

　　（1）液压油油压高、传动力大，在产生同样原始作用力的情况下，液压缸的结构尺寸比气压的小许多。

　　（2）油液的不可压缩性使夹紧刚度高，工作平稳、可靠。

　　（3）液压传动噪声小，劳动条件比气压的好。

　　但是，它存在着工件夹紧后或更换时不需要供应液压油，而其他机床却需要液压泵连续供油，从而造成虚耗大量电能，致使油温急剧上升，液压油容易变质等问题。为此，可采用单机配套的高压小流量液压泵站。

2．液压泵站油路系统

　　图 3-44（a）所示是 YJZ 型液压泵站外形图，图 3-44（b）所示是其油路系统图，油液经滤油器 12 进入柱塞泵 8，通过单向阀 7 与快换接头 3 进入微型液压缸 1。电接点压力表 6 用于显示液压系统的工作压力，溢流阀 4 的作用是防止系统过载，电磁卸荷阀 10 兼有卸荷、换向、保压的作用。

　　液压泵站输出的液压油油压高，最高工作压力为 16～32MPa。

图 3-45 所示的是微型液压缸，因其工作液压缸直径尺寸小，可直接安装在机床工作台或夹具体上。图 3-45（a）所示是液压缸通过 T 形槽安装在工作台上；图 3-45（b）所示是液压缸安装在夹具体孔中并用螺钉紧固；图 3-45（c）所示是液压缸直接旋入夹具体螺纹孔中。

液压泵站可按实际需要购买，微型液压缸的参数和尺寸见有关机床夹具设计手册。

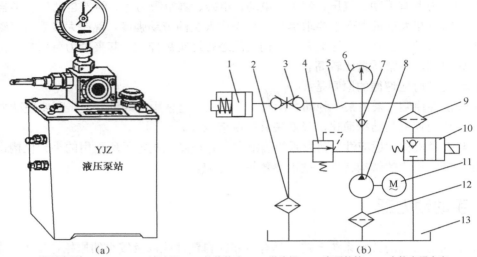

（a）　　　　　　　　　　　　　　（b）

1—微型液压缸；2，9，12—滤油器；3—快换接头；4—溢流阀；5—高压软管；6—电接点压力表；
7—单向阀；8—柱塞泵；10—电磁卸荷阀；11—电动机；13—油箱

图 3-44　YJZ 型液压泵站

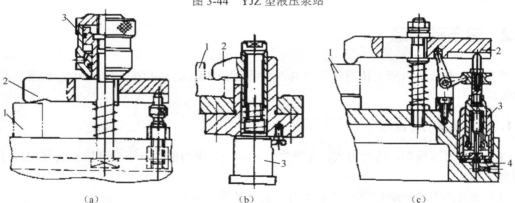

（a）　　　　　　　　　　（b）　　　　　　　　　　（c）

1—工件；2—压板；3—微型液压缸；4—夹具体

图 3-45　微型液压缸

3.4.3　气动动力源

气动动力源的介质是空气，故不会变质，也不会产生污染，且在管道中的压力损失小，但气压较低，一般为 0.4~0.6MPa；当需要较大的夹紧力时，汽缸就要很大，致使夹具结构不紧凑。

1. 气压装置的特点

气压装置以压缩空气为力源，应用比较广泛，与液压装置相比有如下优点。

（1）动作迅速，反应快。如气压为 0.5MPa 时，汽缸活塞速度为 1~10m/s，夹具每小时可连续松开、夹紧上千次。

（2）传动结构简单。工作压力低，一般为 0.4～0.6MPa，对装置所用材料及制造精度要求不高，制造成本低。

（3）便于集中供应和远距离输送。空气黏度小，在管路中的损失较少，易于集中操纵或程序控制等。

（4）不会污染环境。空气可就地取材，容易保持清洁，管路不易堵塞，具有维护简单，使用安全、可靠、方便等特点。

主要缺点是空气压缩性大，夹具的刚度和稳定性较差；在产生相同原始作用力的条件下，因工作压力低，其动力装置的结构尺寸大。此外，还有较大的排气噪声。

2．气压动力源夹紧系统

如图 3-46 所示为气压传动系统，它包括以下三个组成部分。

（1）气源。包括空气压缩机 2、冷却器 3、储气罐 4 等，该部分一般集中在压缩空气站内。

（2）控制部分。包括分水滤气器 6（起到降低湿度的作用）、调压阀 7（调整与稳定工作压力）、油雾器 9（将油雾化润滑元件）、单向阀 10、配气阀 11（控制汽缸进气与排气方向）、调速阀 12（调节压缩空气的流速和流量）等，这些气压元件一般安装在机床附近或机床上。

（3）执行部分。如汽缸 13 等，它们通常直接装在机床夹具上与夹紧机构相连。

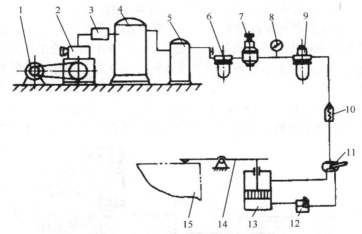

1—电动机；2—空气压缩机；3—冷却器；4—储气罐；5—过滤器；6—分水滤气器；7—调压阀；8—压力表；9—油雾器；
10—单向阀；11—配气阀；12—调速阀；13—汽缸；14—夹具示意图；15—工件

图 3-46　气压传动系统

3.4.4　气−液组合动力源

气−液组合动力源夹紧系统的动力源为压缩空气，但要使用特殊的增压器，比气动夹紧装置复杂。它的工作原理如图 3-47 所示，压缩空气进入汽缸 1 的右腔，推动汽缸活塞 3 左移，活塞杆 4 随之在增压缸 2 内左移。因活塞杆 4 的作用面积小，使增压缸 2 和工作缸 5 内的油压得到增加，并推动工作缸活塞 6 上抬，将工件夹紧。

气−液增压装置的特点如下。

（1）油压高。可达 9.8～19.6MPa，不需要增加机械增力机构就能产生很大的夹紧力，使夹具结构简化，传动效率提高和制造成本降低。

（2）气-液增压装置已被制成通用部件，可以各种方式灵活、方便地与夹具组合使用。

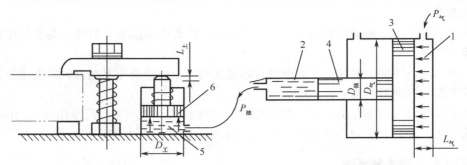

1—汽缸；2—增压缸；3—汽缸活塞；4—活塞杆；5—工作缸；6—工作缸活塞

图 3-47　气-液组合动力源夹紧系统工作原理

3.4.5　电动动力源

　　电动装置是以电动机带动夹具中的夹紧机构，对工件进行夹紧的一种方式。最常用的是少齿差行星减速电动卡盘。其工作原理是：电动卡盘工作时需要低转速、大扭矩。借助行星减速机构可以将电动机高转速、小扭矩变成符合电动卡盘需要的功能。

　　图 3-48 所示的是少齿差行星减速电动卡盘。它可由三爪自定心卡盘改装而成，即在卡盘体内装上一套少齿差行星机构。电动机的动力通过胶木齿轮 1 和齿轮 2 传至传动轴 3。在传动轴 3 的前端装有偏心轴 6，其上装有两个相互偏心的齿轮 7 和 8，通过每个齿轮上面的孔，套在固定于定位板 4 上的八个销子 5 上。偏心轴 6 转动时，齿轮 7 和 8 不能自转而只能做平动运动，并带动内齿轮 9 转动。内齿轮 9 的端面与大锥齿轮啮合，从而带动爪定心夹紧或松开工件。这种电动卡盘的特点是传动平稳，无噪声，具有普通三爪自定心卡盘的通用性。

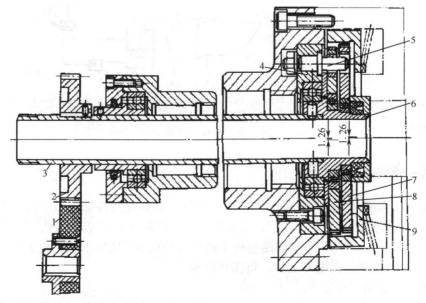

1—胶木齿轮；2—齿轮；3—传动轴；4—定位板；5—销子；6—偏心轴；7，8—齿轮；9—内齿轮

图 3-48　少齿差行星减速电动卡盘

3.4.6　磁力装置

磁力装置按其磁力的来源，分为永磁式和电磁式两类。永磁式由永久磁铁产生吸力将工件夹紧，如常见的标准通用永磁工作台。它的优点是不消耗电能，经久耐用，但吸力没有电磁式的大。

图 3-49 所示为车床用感应式电磁卡盘。当线圈 1 通上直流电后，在铁芯 2 上产生磁力线，避开隔磁体 5 使磁力线通过工件和导磁体定位件 6 形成闭合回路（如图中虚线所示），工件被磁力吸在盘面上。断电后，磁力消失，取下工件。

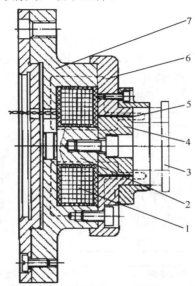

1—线圈；2—铁芯；3—工件；4—导磁体定位件；5—隔磁体；6—导磁体定位件；7—夹具体

图 3-49　车床用感应式电磁卡盘

磁力夹紧主要适用于薄件加工和高精度的磨削加工，它具有结构简单紧凑、安全可靠、夹紧动作迅速等特点。

3.5　设计示例

在 2.5 节"设计示例"中，已对定位问题进行了说明，现研究夹紧问题。

前面已经提到，必须首先对长条支承板施加夹紧力，然后固定辅助支承的滑柱。由于支承板离加工表面较远，铣槽时的切削力又大，故需在靠近加工表面的地方再增加一个夹紧力。

夹紧力作用在图 3-50（a）所示位置时，由于工件该部位的刚性差，夹紧变形大，因此，夹紧力的作用点应如图 3-50（b）所示，用螺母与开口垫圈夹压在工件圆柱的左端面。拨叉此处的刚性较好，夹紧力更靠近加工表面，工件变形小，夹紧也可靠。对着支承板的夹紧机构采用钩形压板，可使结构紧凑，操作也方便。

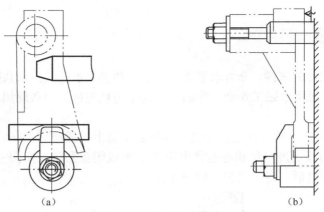

图 3-50 夹紧方案分析

综合以上分析，拨叉铣槽的装夹方案如图 3-51 所示，装夹时，先拧紧钩形压板 1，再固定滑柱 5，然后插上开口垫圈 3，拧紧螺母 2。

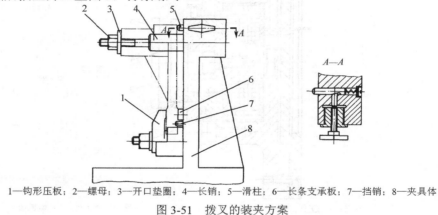

1—钩形压板；2—螺母；3—开口垫圈；4—长销；5—滑柱；6—长条支承板；7—挡销；8—夹具体

图 3-51 拨叉的装夹方案

习　　题

3.1　简述夹紧装置的基本要求。

3.2　设计夹紧装置时，与夹紧力作用点、方向有关的准则是什么？

3.3　斜楔夹紧机构有哪些特点？说明图 3-52 所示夹紧机构的工作原理。

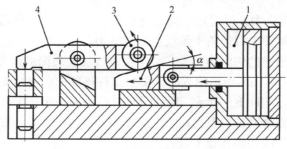

1—汽缸；2—斜楔；3—滚子；4—压板

图 3-52 题 3.3 图

3.4　为什么螺栓夹紧机构可以增力和自锁？

3.5　常用的快速螺栓夹紧机构都有哪几种？

3.6　设计多件平行联动夹紧、多件连续夹紧的要点是什么？

3.7　定心夹紧机构的特点是什么？

3.8　什么是联动夹紧机构？设计联动夹紧机构时应注意哪些问题？

3.9　针对图 3-53 中存在的问题，试从夹紧原理和结构特点出发，分别进行改错（可直接在图中修改或用文字描述）。

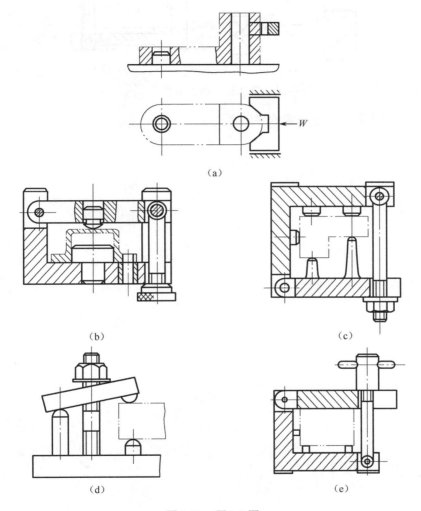

图 3-53　题 3.9 图

3.10　指出图 3-54（a）～（d）所示的各定位、夹紧方案及结构设计中不正确的地方，并提出改进意见。

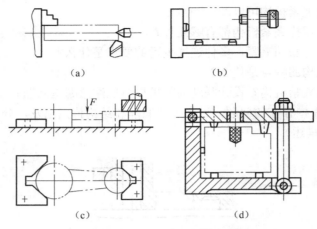

(a)　　　　　　　　　　(b)

(c)　　　　　　　　　　(d)

图 3-54　题 3.10 图

3.11　简介气动夹紧与液压夹紧的异同点。

第4章

夹具的其他装置及夹具体

本章学习的目标

了解夹具连接元件的作用和形式；
了解分度装置的组成和结构特点；
明确对夹具体的基本要求和工艺知识。

重点与难点

分度装置的分度原理；
夹具体设计要点。

本章将学习组成夹具的其他部分，如连接元件、分度装置和夹具体，对刀和导引元件将在第 6 章典型夹具设计与实例中进行说明。

4.1 连接元件

夹具通过连接元件与机床相连接，连接元件决定夹具与机床的相对正确位置。

在图 1-8 所示的后盖零件钻孔夹具中，夹具体 7 的底面为安装基面，保证了钻套 9 的轴线垂直于钻床工作台，圆柱销 5 的轴线平行于钻床工作台。对此，该夹具体也兼做了连接元件，车床夹具上的过渡盘、铣床夹具上的定向键等都是连接元件。

夹具与机床的连接，根据机床的工作特点，最基本的形式有两种：一种是夹具安装在机床（如铣床、刨床、镗床、钻床、平面磨床等）的平面工作台上，另一种是夹具安装在机床（如车床、外圆磨床、内圆磨床等）的回转主轴上。

4.1.1 铣床夹具的连接元件

1. 定向键

在铣床、刨床、镗床上工作的夹具通常通过定向键与工作台 T 形槽的配合来确定夹具在机床上的位置，如图 4-1 所示。每个夹具一般设置两个定向键，起到夹具在机床上的定向作用，并用螺钉把定向键固定在夹具体的键槽中。两定向键间的距离应可能大些，这样定向精度就越高。

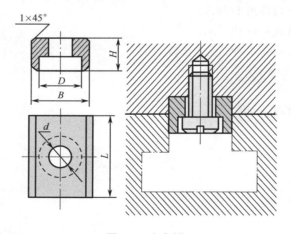

图 4-1 定向键

定向键的断面有矩形和圆柱形两种，常用的为矩形，如图 4-2 所示。A 型定向键如图 4-2（a）所示，适用于夹具的定向精度要求不高的场合；B 型定向键的侧面开有沟槽，适用于定位精度要求较高的场合。

定向键的结构尺寸已标准化（GB/T 2206—2007），应按铣床工作台的 T 形槽尺寸选定，它和夹具底座及工作台 T 形槽的配合为 H7/h6、H8/h8，A、B 型定向键的宽度与夹具体和键槽的配合选择如下：

（1）A 型：定向键的宽度 B=T 形槽名义宽度，公差：h6 或 h8。

$$键与夹具体的配合：B\frac{H7}{h6、h8}、B\frac{JS6}{h6、h8}。$$

（2）B 型：B 取 T 形槽名义宽度，键与 T 形槽：B_1=B+0.5 按 T 形槽实际宽度配作。

公差；h6 或 h8。

$$键与夹具体的配合：B\frac{H7}{h6、h8}、B\frac{JS6}{h6、h8}。$$

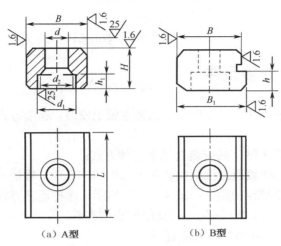

（a）A 型　　　　　（b）B 型

图 4-2　标准定向键的结构

2. 找正基面

对定向精度要求高的夹具或重型夹具，不宜采用定向键，在夹具体侧面设找正基面，或在夹具体上加工出一窄长平面作为找正基面，用百分表找正夹具位置精确定位，如图4-3所示。

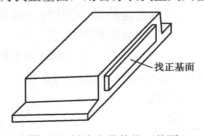

图 4-3　铣床夹具的找正基面

3. 夹具体底面

对较大的夹具来说，应采用如图4-4所示的周边接触（见图4-4（a））、两端接触（见图4-4（b））、四角接触（见图4-4（c））等方式，前两形状用于铣床夹具安装定向键时用，夹具定位面应在一次同时磨出或刮研出。除了底面外，夹具还通过两个定向键或销与工作台上的T形槽相连接，以保证夹具在工作台上的方向；图4-4（c）所示夹具侧面可设置找正基准，以便在不宜采用定向键时使用，或在钻床夹具上使用。

为了提高定位精度，定向键之间的距离在夹具底座允许的范围内应尽可能远些。安装夹具时，可让定向键靠向T形槽一侧，以消除间隙造成的误差。夹具定位后，应用螺栓将其固紧在工作台上，以提高其连接刚度。

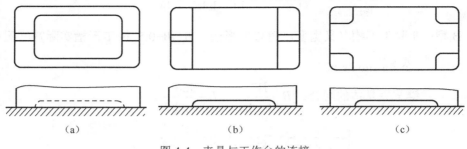

（a）   （b）   （c）

图 4-4　夹具与工作台的连接

4.1.2　车床夹具的连接元件

车床和内、外圆磨床夹具一般在机床的回转主轴上安装，连接方式取决于所使用机床主轴端部的结构。

一般车床夹具在机床主轴上的安装有以下三种方式：

（1）莫氏锥度定位。一般通过锥柄安装在车床主轴锥孔中，锥柄一般为莫氏锥度。根据需要可用拉杆从主轴尾部用螺栓拉紧，如图 4-5（a）所示，这种连接方式迅速方便，因没有配合间隙，定心精度较高，但刚度低。适用于轻切削的小型夹具，或对于夹具轮廓直径 $D < 140\text{mm}$，或 $D < (2 \sim 3)d$ 的场合，d 为锥柄大端直径。

对于径向尺寸较大的夹具，一般通过过渡盘与车床主轴连接。

（2）圆柱面和端面定位。图 4-5（b）中的过渡盘以端面 A 和短圆柱孔 D 在主轴轴颈上定位，定位孔 D 和主轴轴颈的配合一般采用 H7/h6 或 H7/js6，此种定位形式的定位精度不高，适用于精度较低的加工。夹具的紧固依靠螺纹 M，两只压板起防松作用。

（3）锥面和端面定位。图 4-5（c）中用短锥 K 和端面 T 定位，此种定位形式因没有间隙，所以具有较高的定心精度，而且连接刚度也较高，但这种方式是过定位，夹具体上的锥孔和端面制造精度也要高，一般要经过与主轴端面的配磨加工。

过渡盘属于机床附件，与机床主轴配合的形状结构取决于机床前端的结构。这种连接方式的定心精度受到配合精度的限制，为提高定心精度，可在夹具上设置找正外圆或找正孔，安装夹具时，找正夹具与车床主轴的同轴度。

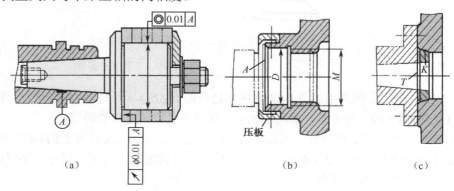

(a)   (b)   (c)

图 4-5　车床夹具与机床轴的连接

4.2　分度装置

4.2.1　概述

在机械加工中经常会有工件的多工位加工，如刻度尺的刻线、叶片液压泵转子叶片槽的铣削、齿轮和齿条的加工、多线螺纹的车削，以及其他等分孔或等分槽的加工等。

这类工件一次装夹后，需要在加工过程中进行分度，即在完成一个表面的加工以后，依次使工件随同夹具的可动部分转过一定角度或移动一定距离，对下一个表面进行加工，直至完成全部加工内容，具有这种功能的装置称为分度装置。分度装置能使工件加工的工序集中，故广泛地用于车削、钻削、铣削等加工中。图 4-6 所示为各类需分度加工的工件，图 4-6（a），（b）所示为圆周分度的孔；图 4-6（c）所示为圆周分度的槽；图 4-6（d）所示为直线分度的孔；图 4-6（e）所示为直线分度的槽。

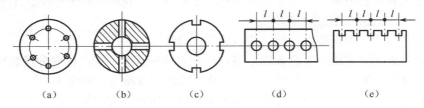

(a)　　　　(b)　　　　(c)　　　　(d)　　　　(e)

图 4-6　各类需分度加工的工件

图 4-7 所示就是应用了分度转位机构的轴瓦铣开夹具。

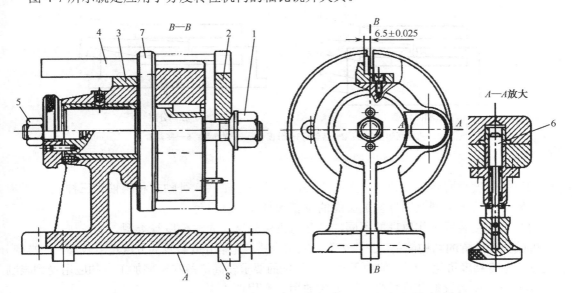

1—螺母；2—开口垫圈；3—对刀装置；4—导向件；5—螺母；6—对定销；7—分度盘；8—定向键

图 4-7　轴瓦铣开夹具

4.2.2　分度装置的类型

分度装置的类型很多，如按工作原理可分为机械、光学、电磁等类型；按分度的运动形式可分为直线移动式和回转式两类。

1）直线分度装置

直线分度装置是指工件在一次装夹中，通过夹具的某部分带动工件直线移动一定距离完成多工位的分度装置。它是对直线方向上的尺寸进行分度的装置。直线分度装置的分度原理与回转分度装置相同。将分度盘改为分度板，且分度板做直线运动，就能完成直线分度。直线分度装置主要用于加工有一定距离要求的平行孔和槽系等。

由于直线分度装置与回转分度装置的结构原理和设计思路基本相同，且生产中回转分度装置应用较多，这里主要介绍回转分度装置。

2）回转分度装置

回转分度装置是指工件一次装夹中，通过夹具的某部分带动工件转动一定的角度完成多工位加工的分度装置。它是对圆周角分度的装置，又称圆分度装置。回转分度装置主要用于工件表面圆周分度孔或槽的加工。

回转分度装置的种类繁多，一般可按下述形式设计。

（1）按分度盘和对定销相对位置的不同，可分为两种基本形式：轴向分度和径向分度。

对于轴向分度，如图4-8（a）所示，对定销4的运动方向与分度盘3的回转轴线平行，其分度装置的结构较紧凑；对于径向分度，如图4-8（b）所示，对定销4的运动方向与分度盘3的回转轴线垂直，由于分度盘的回转直径较大，故能使分度误差相应减小（详见后述），因而常用于分度精度较高的场合。

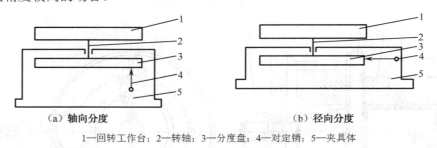

（a）轴向分度　　　　　　　　　　（b）径向分度

1—回转工作台；2—转轴；3—分度盘；4—对定销；5—夹具体

图4-8　回转分度盘工作原理图

（2）按分度盘回转轴线分布位置的不同，可分为立轴式、卧轴式和斜轴式三种。

一般可按机床类型及工件被加工面的位置等具体条件设计。

（3）按分度装置工作原理的不同，可分为机械分度、光学分度等类型。

机械分度装置的结构简单，工作可靠，应用广泛。光学分度装置的分度精度较高，如光栅分度装置的分度精度可达±10″，但由于对工作环境的要求较高，故在机械加工中的应用受到限制。

（4）按分度装置的使用特性，可分为通用、专用两大类。

在单件生产中，使用通用分度装置，有利于缩短生产的准备周期，降低生产成本；在中、小批生产中，常将通用分度装置与专用夹具联合使用，从而简化专用夹具的设计和制造。通用分度装置的分度精度较低，例如，FW80型万能分度头，采用速比1:40的蜗杆、蜗轮副，分度精度为 1′，故只能满足一般需要。在成批生产中，则广泛使用专用分度装置，以获得较高的分度精度和生产效率。

4.2.3　分度装置的结构

回转分度装置由固定部分、转动部分、分度对定机构、抬起锁紧机构及润滑部分等组成。

（1）固定部分。它是分度装置的基体，其功能相当于夹具体。它通常采用经过时效处理的灰铸铁制造，精密基体则可选用孕育铸铁，孕育铸铁有较好的耐磨性、吸振性和刚度。

（2）转动部分。包括回转盘、衬套和转轴等。回转盘通常用 45 钢经淬火至 40～45HRC 或 20 钢经渗碳淬火至 58～63HRC 加工制成。转盘工作平面的平面度公差为 0.01mm，端面的圆跳动公差为 0.01～0.015mm，工作面对底面的平行度公差为 0.01～0.02mm。轴承的间隙一般应在 0.005～0.008mm 之间，以减小分度误差。

（3）分度对定机构。对定机构由分度盘和对定销组成。其作用是在转盘转位后，使其相对于固定部分定位。分度对定机构的误差会直接影响分度精度，因此是分度装置的关键部分。设计时应根据工件的加工要求，合理选择分度对定机构的类型。

（4）抬起锁紧机构。分度对定后，应将转动部分锁紧，以增强分度装置工作时的刚度，大型分度装置还需设置抬起机构。

（5）润滑部分。润滑系统主要由油杯等组成，其功能是减小摩擦面的磨损，使机构操作灵活。当使用滚动轴承时，可直接用润滑脂润滑。

4.2.4　分度装置的设计

1.　分度对定机构及控制机构的设计

1）分度对定机构

分度对定机构的结构形式较多，它们各有不同的特点，且适合不同的场合。

（1）钢球对定。如图 4-9（a）所示，它是依靠弹簧的弹力将钢球压入分度盘锥形孔中实现分度对定的。钢球可用 0～1 级精度的标准滚珠。分度盘上的分度锥形孔可用钻头锪出，锥角为 90°或 120°，深度应小于钢球的半径。钢球对定结构简单，在径向、轴向分度中均有应用，常用于切削负荷小且分度精度较低的场合，也可作为分度装置的预分度对定。

（2）圆柱销对定。如图 4-9（b）所示，圆柱销对定主要用于轴向分度。分度盘一般采用 45 钢经调质制成，在坐标镗床上镗出的分度孔中镶有经淬硬的衬套。圆柱销用 T8A 优质工具钢经淬火至 53～58HRC 制成，采用 H7/g6 间隙配合。这种结构简单、制造方便，缺点是分度精度较低，一般为±1′～10′。

（3）菱形销对定。如图 4-9（c）所示，由于菱形销能补偿分度盘分度孔的中心距误差，故结构工艺性良好。其应用特性与圆柱销对定相同。

（4）圆锥销对定。如图 4-9（d）所示，它常用于轴向分度，圆锥角一般为 10°，特点是圆锥面能自动定心，故分度精度较高，但结构上对防尘有较高的要求。

（5）双斜面楔形槽对定。如图 4-9（e）所示，双斜面楔形槽对定的优点是斜面能自动消除结合面的间隙，故有较高的分度精度；缺点是分度盘的制造工艺较复杂，槽面需经磨削加工。

分度盘的材料及热处理可按不同情况选择：小尺寸分度盘用 T7A、T8A 优质工具钢经淬火至 55～60HRC，大尺寸的分度盘用 20 钢或 20Cr 经渗碳淬火至 55～60HRC。分度盘的槽形角取 20°或 30°。在条件允许的情况下，可用精度为 4～5 级的圆柱正齿轮代替分度盘。

（6）单斜面楔形槽对定。如图 4-9（f）所示，斜面产生的分力能使分度盘始终反靠在平面上。图中面 N 为分度对定的基准，只要其位置固定不变，就能使分度装置获得很高的分度精度。这种分度对定机构常用于高精度的径向分度，分度精度可达到±10″左右。

（7）正多面体对定。正多面体是具有精确角度的基准器件。图 4-9（g）所示为正六面体基准器件，能做 2、3、6 等分。其特点是制造容易、刚度高、分度精度较高，但分度数不宜多。多面体可用 20 钢渗碳淬火至 58～63HRC，再经磨削加工制成。

（8）滚柱对定。如图 4-9（h）所示，这种结构由圆盘 3、套环 2 和精密滚柱 1 装配而成，相间排列的滚柱构成分度槽。为提高分度盘的刚度，在滚柱与圆盘、套环之间应充填环氧树脂，对定销端部制成 10°锥角，分度精度较高。

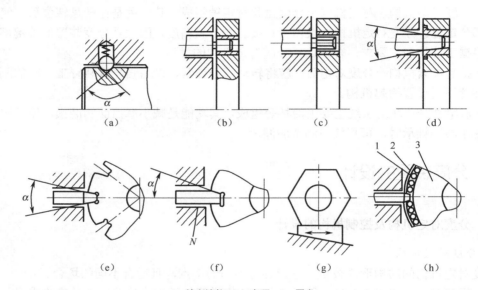

1—精密滚柱；2—套环；3—圆盘

图 4-9　分度对定机构

2）控制机构

以下简介手拉式定位器、枪柱式定位器。

图 4-10（a）所示为结构已标准化的手拉式定位器（GB/T 2215—1991）。将把手 5 向外拉，即可将对定销 1 从分度盘衬套 2 的孔中拔出。当横销 4 脱离槽 B 后，可将把手转过 90°，使横销 4 搁在导套 3 的面 A 上，此时即可转位分度。本机构结构简单，工作可靠，主要参数 d 为 8mm、10mm、12mm、15mm 四种。

图 4-10（b）所示为枪柱式定位器（GB/T 2216—1991）。转动手柄 7，利用对定销 6 上的螺旋槽 E 的作用，可移动对定销。此机构操作方便，主要参数 d 为 12mm、15mm、18mm。

图 4-10（c）所示为齿轮齿条式操纵机构。转动小齿轮 9，即可移动对定销 8 进行分度，它操作方便，工作可靠。

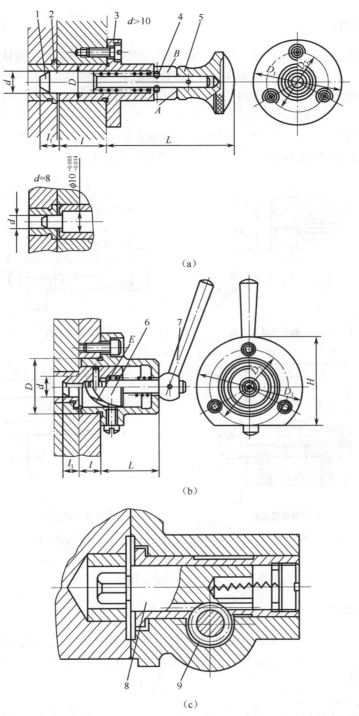

1，6，8—对定销；2—衬套；3—导套；4—横销；5—把手；7—手柄；9—小齿轮

图 4-10　分度对定的操纵机构

2．锁紧机构的设计

在分度对定好之后，必须将转盘锁紧，以增强分度装置的刚度和稳定性。锁紧机构除通常的螺杆、螺母外，还有多种形式：图4-11（a）所示是偏心轮锁紧机构，转动手柄3，偏心轮2通过支板1将回转台5压紧在底座4上；图4-11（b）所示为楔式锁紧机构，通过带斜面的梯形压紧钉9将回转台6压紧在底座上；图4-11（c）所示为切向锁紧机构，转动手柄11，锁紧螺杆13使两个锁紧套12相对运动，将转轴10锁紧；图4-11（d）所示为压板锁紧机构，转动手柄11，通过压板15将回转台6压紧在底座4上。

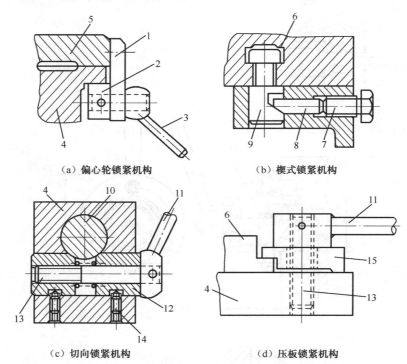

（a）偏心轮锁紧机构　　　　　　　　（b）楔式锁紧机构

（c）切向锁紧机构　　　　　　　　（d）压板锁紧机构

1—支板；2—偏心轮；3,11—手柄；4—底座；5,6—回转台；7—螺钉；8—滑柱；9—梯形压紧钉；

10—转轴；12—锁紧套；13—锁紧螺杆；14—防转螺钉；15—压板

图4-11　锁紧机构

3．分度精度分析

分度装置的分度精度主要取决于分度盘、对定机构的结构形式及制造公差、配合性质等因素。分度装置分度时，最大分度值与最小分度值之差为分度误差，现以圆柱销的轴向分度为例进行分度误差分析。

1）直线分度误差

从图4-12（a）可知，影响分度误差的主要因素有：

X_1 ——对定销与分度套的最大间隙；

X_2 ——对定销与固定套的最大间隙；

e ——分度套内外的同轴度；

2δ ——分度盘两相邻孔距的公差值。

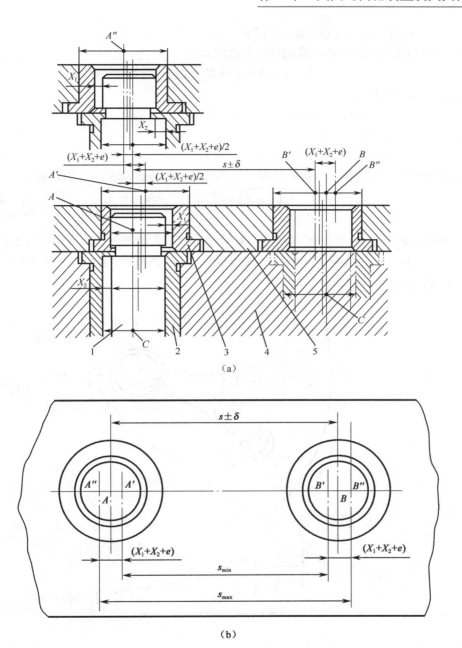

（a）

（b）

1—圆柱对定销；2—固定套；3—分度套；4—底座；5—分度盘

图 4-12　直线分度误差

固定套中心 C 在对定过程中位置不变，当圆柱对定销 1 与固定套 2 右边接触，与 A 孔分度套 3 左边接触时，分度盘 A 孔中心向右偏移到 A'，其最大偏移量为 $(X_1+X_2+e)/2$。

同理，当圆柱对定销 1 与固定套 2 左边接触，与分度套 3 右边接触时，分度盘 A 孔中心向左偏移到 A''，其最大偏移量为 $(X_1+X_2+e)/2$。

因此 A 孔对定时，最大偏移量为 $A'A'' = X_1+X_2+e$。

同理，其相邻 B 孔对定时，最大偏移量为 $B'B''=X_1+X_2+e$。

分度盘 A、B 两孔间还存在孔距公差 2δ。

由图 4-12（b）可得 A、B 两孔的最小分度距离为

$$s_{\min} = s - (\delta + X_1 + X_2 + e) \tag{4-1}$$

其最大分度距离为

$$s_{\max} = s + (\delta + X_1 + X_2 + e) \tag{4-2}$$

因此直线分度误差为

$$\Delta_F = s_{\max} - s_{\min} = 2(\delta + X_1 + X_2 + e) \tag{4-3}$$

由于影响分度误差的各项因素都是独立随机变量，故可按概率法叠加，有

$$\Delta_F = 2\sqrt{\delta^2 + X_1^2 + X_2^2 + e^2} \tag{4-4}$$

2）回转分度误差

如图 4-13（a）所示，在回转分度中，对定销在分度盘相邻两个分度套中对定的情况与直线分度相似，其分度误差除受 $\Delta_F = 2\sqrt{\delta_2 + X_1^2 + X_2^2 + e^2}$ 的影响外，还受分度盘回转轴与轴孔之间最大间隙 X_3 的影响。

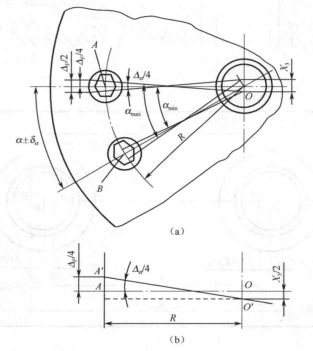

图 4-13　回转分度误差

回转分度误差 Δ_α 可根据图 4-13（b）中所示的几何关系求出

$$\Delta_\alpha = \alpha_{\max} - \alpha_{\min} \tag{4-5}$$

推导可得

$$\Delta_\alpha = 4\arctan\frac{\Delta_F + 2X_3}{4R} \tag{4-6}$$

式中　$\varDelta_\alpha$——回转分度误差；

　　　$\alpha_{\max}$——相邻两孔最大分度角；

　　　$\alpha_{\min}$——相邻两孔最小分度角；

　　　$\varDelta_F$——菱形销在分度套中的对定误差；

　　　X_3——分度盘回转轴与轴承间的最大间隙；

　　　R——回转中心到分度套中心的距离。

4．提高分度精度的措施

由以上分析可以看出，一般对定分度的精度是有限的，在常规设计中采用下列措施来提高分度装置的分度精度。

（1）提高主要零件间的配合精度及相互位置精度。

（2）减小对定销与分度孔、导向孔间的配合间隙，如选用锥形对定销等。

（3）提高对定元件的制造精度。

（4）增大回转轴中心至分度盘衬套孔中心的距离。径向分度比轴向分度精度高，但这样会使分度装置外形尺寸增大，应视结构而定。

（5）采用高精度分度对定结构。

4.3　夹具体

4.3.1　夹具体概述

夹具体是夹具的基础件。它将夹具体上的各种装置和元件连接在一起，并通过它将夹具安装到机床上。

夹具体的形状和尺寸取决于夹具上各种装置的布置以及夹具与机床的连接，而且在零件的加工过程中，夹具还要承受夹紧力、切削力以及由此产生的冲击和振动，因此夹具体必须具有必要的强度和刚度。切削加工过程中产生的切屑有一部分还会落在夹具体上，切屑积聚过多会影响工件可靠地定位和夹紧，因此设计夹具体时，必须考虑其结构便于排屑。此外，夹具体结构的工艺性、经济性以及操作和装拆的便捷性等，在设计时也都要加以考虑。

夹具体应满足的基本要求是：

（1）应有足够的强度和刚度。在加工过程中，夹具体要承受较大的切削力和夹紧力，为保证夹具体不会产生不允许的变形或振动，铸造夹具体的壁厚一般取 15～30mm，壁厚要均匀，转角处应有 $R5$～$10mm$ 的圆角；焊接夹具体的壁厚为 8～15mm，在刚度不足处，设置加强筋，筋的厚度取壁厚的 0.7～0.9 倍，筋的高度不大于壁厚的 5 倍。

（2）应有适当的精度和尺寸稳定性。夹具体的重要表面，如安装定位元件的表面、安装对刀或导向元件的表面以及夹具体的安装基面等，应有适当的尺寸精度和形状精度。

（3）应有良好的结构工艺性和实用性。夹具体一般外形尺寸较大，结构比较复杂，而且各表面间的相互位置精度要求高，因此应特别注意其结构工艺性，应做到装卸工件方便、夹具维修方便。在满足刚度的前提下，应尽可能减轻重量、缩小体积、力求简单。

（4）排屑要方便。夹具设计时，一定要考虑到切屑的排除，当加工产生的切屑不多时，可适当加大定位元件工作表面与夹具体之间的距离或在夹具体上开设排屑槽，增加容屑空间。

（5）夹具在机床的安装应稳定可靠。夹具在机床上的安装都是通过夹具体上的安装基面与机床上的相应表面的接触或配合实现的。当夹具在机床工作台上安装时，夹具的重心应尽量低，支撑面积应足够大，安装基面应有较高的配合精度，保证安装稳定可靠；夹具体底部一般应中空，大型夹具还应设置吊环或起重孔等。

4.3.2　夹具体毛坯的结构与类型

1．夹具体毛坯的结构

由于各类夹具结构变化多端，使夹具体难以标准化，但其基本结构形式多为如图 4-14 所示的三大类，即开式结构（如图 4-14（a）所示）、半开式结构（如图 4-14（b）所示）和框式结构（如图 4-14（c）所示）。

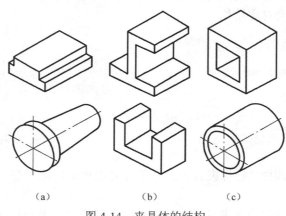

（a）　　　　　　（b）　　　　　　（c）

图 4-14　夹具体的结构

2．夹具体毛坯的类型

选择夹具体毛坯的制造方法，通常根据夹具体的结构形式及工厂的生产条件决定。根据制造方法的不同，夹具体毛坯可分为以下几类。

（1）铸造夹具体。铸造夹具体如图4-15（a）所示，其优点是可铸出各种复杂形状的结构，其工艺性好，并且具有较好的抗压强度、刚度和抗振性；但其生产周期较长，需经时效处理，以消除内应力，因而成本较高。

常用材料为灰铸铁（如HT200）；要求强度高时用铸钢（如ZG270-500）；要求重量轻时用铸铝（如ZL104）。

（2）焊接夹具体。焊接夹具体如图4-15（b）所示，它由钢板、型材焊接而成。其优点是制造方便、生产周期短、成本低、重量轻。但焊接式夹具体的热应力较大，易变形，需经退火处理，以保证夹具体尺寸的稳定性，且难以获得复杂形状的结构。

（3）锻造夹具体。锻造夹具体如图4-15（c）所示，适用于形状简单、尺寸不大、要求强度和刚度大的场合；锻造后酌情采用调质、正火或回火处理，此类夹具体应用较少。

（4）装配夹具体。装配夹具体如图4-15（d）所示，由标准的毛坯件、零件及个别非标准件，通过螺钉、销钉连接组装而成，其优点是制造成本低、周期短、精度稳定，有利于标准化和系列化，也便于夹具体的计算机辅助设计。

此外，还有型材夹具体。小型夹具体可以直接用板料、棒料、管料等型材加工装配而成，这类夹具体取材方便、生产周期短、成本低、重量轻。

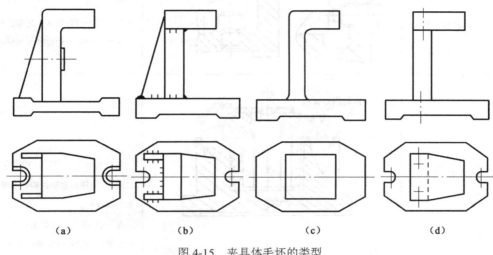

图 4-15　夹具体毛坯的类型

4.3.3　夹具体的尺寸、结构及技术要求

1．夹具体外形尺寸的确定

夹具制造属单件生产性质，为缩短设计和制造周期，减少费用，一般夹具体不做复杂计算，通常采用经验类比估计确定。实际设计时，根据工件、定位元件、夹紧装置、对刀——导引元件及其他辅助机构的配置，夹具体的结构、尺寸已大体确定，见表4-1夹具体结构尺寸的经验数据。

表 4-1　夹具体结构尺寸的经验数据

夹具体结构部位	经 验 数 据	
	铸 造 结 构	焊 接 结 构
夹具体壁厚 h	8～25mm	6～10mm
夹具体加强筋厚度	$(0.7～0.9)h$	
夹具体加强筋高度	不大于 $5h$	
夹具体上不加工的毛面与工件表面之间的间隙	夹具体是毛面，工件也是毛面时，取 8～15mm	
	夹具体是毛面，工件是光面时，取 4～10mm	

2. 夹具体的排屑结构

为便于排屑，一般设计夹具体时，应采取必要措施，见表4-2。

表4-2 夹具体上的排屑措施

排屑措施	结构举例	结构说明和适应场合
增加容纳铁屑的空间		在夹具体上增设容屑沟或增大定位元件工作表面与夹具体之间的距离,适用于加工时产生切屑不多的场合
采用铁屑自动排出结构	(a) (b)	在夹具体上专门设计排屑用的斜面和缺口,使铁屑自动由斜面处滑下而排至夹具体外。 图(a)是在夹具体上开出排屑用的斜弧面,使钻孔的铁屑沿斜弧面排出。 图(b)是在铣床夹具的夹具体内设计排屑腔,切屑落入腔内后,沿斜面排出,适用于铁屑较多的场合

3. 夹具体的技术要求

夹具体与各元件配合表面的尺寸精度和配合精度通常都较高,常用的夹具元件间配合的选择见表4-3。

表4-3 机床夹具常用配合的选择

配合件的工作形式	精度要求		示例
	一般精度	较高精度	
定位元件与工件定位基准间	H7/h6、H7/g6、H7/f7	H6/h5、H6/g5、H6/f5	定位销与工件定位基准孔的配合
有引导作用并有相对运动的元件间	H7/h6、H7/g6、H7/f7H7 H7/h6、G7/h6、F8/h6、	H6/h5、H6/g5、H6/f5 H6/h5、G6/h5、F7/h5、	滑动定位件的配合 刀具与导套的配合
无引导作用但有相对运动的元件间	H8/f9、H8/d9	H8/f8	移动夹具底座与滑座的配合
没有相对运动的元件间	无紧固件：H7/n6、H7/r6、H7/s6 等		固定支承钉、定位销的配合

有时为了夹具在机床上找正方便，常在夹具体侧面或圆周上加工出一个专用于找正的基面，以代替对元件定位基面的直接测量，这时对该找正基面与元件定位基面之间必须有严格的位置精度要求。

4．夹具体的吊装装置

设计大型夹具时，需在夹具体上设置起吊用的装置，一般采用吊环螺钉或起重螺栓，吊环螺钉可按GB/T 825—1988选用；起重螺栓如图4-16所示，可在GB/T 2225—1991《机床夹具零件及部件　起重螺栓》中选取它的结构及尺寸。

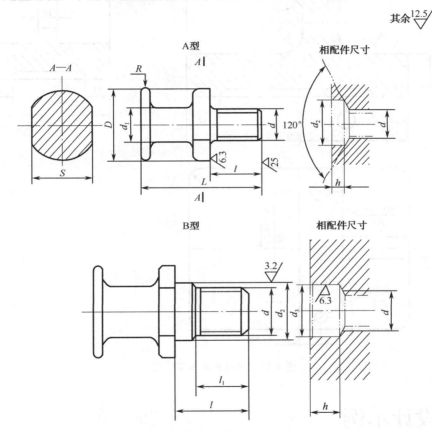

图4-16　夹具体上的起重螺栓

5．夹具体的设计思考

图4-17所示为某钻模夹具体零件图，材料为HT200。

（1）试分析该夹具体的设计特点；

（2）思考应标注哪些重要尺寸和形位公差。

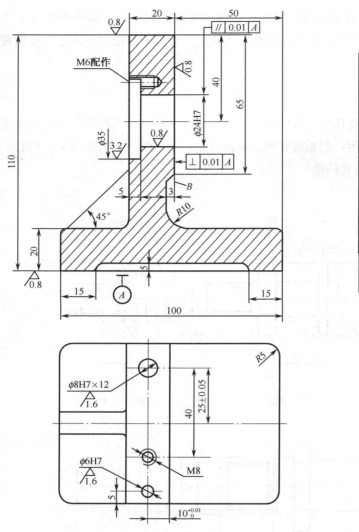
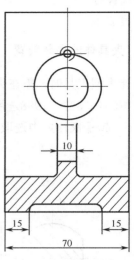

图 4-17　钻模夹具体零件图

4.4　设计示例

　　如图4-18所示是专用分度夹具用于钻削套类零件壁上孔的典型结构。工件以内孔、端面及一小孔在定位块13和菱形销17上定位，拧紧螺母16，通过开口垫圈15将工件夹紧在转盘12上。试分析该分度装置是如何进行分度的，并指出其分度装置各组成部分的零件。

　　【分析提示】：加工完一个孔后，扳动手柄 10，转盘 12 松开，把对定销 4 从转盘 12 的定位套中拔出，使转盘 12 带动工件旋转一定的角度，对定销 4 在弹簧的作用下插入转盘的另一个定位套中实现分度。

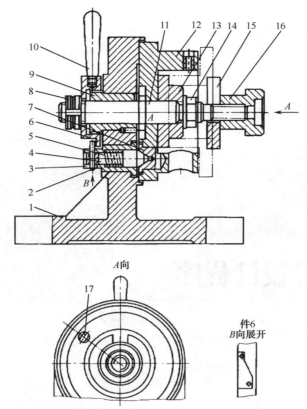

1—夹具体；2，4—对定销；3，9—衬套；5—弹簧；6，8，14，16—螺母；7—定位套；10—手柄

11—心轴；12—转盘　13—定位块；15—开口垫圈　17—菱形销

图 4-18　回转分度钻模

习　　题

4.1　夹具在机床上如何实现连接？试举例说明。

4.2　何谓分度装置？分度装置由哪些部分组成？

4.3　何谓分度精度？提高分度精度的措施有哪些？

4.4　对夹具体的基本要求有哪些？

4.5　夹具体的毛坯类型有哪些？试分析其特点及应用范围。

4.6　夹具体的外形尺寸如何确定？

第 5 章

机床夹具设计程序

本章学习的目标

了解机床夹具设计的基本要求和依据；
掌握专用夹具设计的方法步骤，具有一般夹具结构设计的能力；
了解计算机辅助夹具设计的方式和流程。

重点与难点

夹具总图上尺寸、技术条件的标注。

夹具设计是机制工艺装备设计的重要组成部分，夹具设计一般是在零件的机械加工工艺过程制订之后按照某一工序的具体要求进行的。制订工艺过程，应充分考虑夹具实现的可能性，而设计夹具时，如确有必要也可以对工艺过程提出修改意见。

以上各章分别介绍了夹具各组成部分的结构和设计原理，在此基础上，本章将总结和归纳在设计和制造专用夹具方面的一些基本规律和方法，重点阐述专用夹具的设计要求、步骤；技术要求和公差的选用和制订原则，使读者掌握专用夹具的设计方法，具有夹具结构设计的能力。

5.1 机床夹具设计的基本要求和依据

5.1.1 机床夹具设计的基本要求

在生产企业里通常根据制订的工艺规程所确定的夹具设计任务书来设计专用夹具，一个使用良好的机床夹具，必须满足下列设计基本要求。

1. 保证工件加工工序的技术要求

夹具应满足零件加工工序的精度要求，保证加工精度是关键，首先在于正确地选择定位基准、定位方法和定位元件，必要时还需要进行定位误差分析；要合理确定夹紧力的三要素，尽量减小因切削、加压、振动等因素所产生的变形，特别是对于精加工工序，应适当提高夹具的精度。还要注意夹具中其他零部件的结构对加工精度的影响，确保夹具能满足工件的加工精度要求。

2. 夹具总体方案应与生产纲领相适应

在大批量生产时应尽量采用快速、高效的夹具结构形式（如联动夹紧、多件夹紧），以缩短辅助时间；在中批量及以下生产时，应尽量使夹具结构简单、制造方便。因此，设计时应根据生产纲领对夹具方案进行必要的技术经济分析，以提高夹具在生产中的经济效益。

3. 使用性好

专用夹具的操作应简便、省力、安全可靠。在客观条件允许且又经济适用的前提下，应尽可能采用气动、液压等机械化夹紧装置，以减轻操作者的劳动强度。专用夹具还应排屑方便，必要时可设置排屑结构，防止切屑破坏工件的定位和损坏刀具，防止切屑的积聚带来大量的热量而引起工艺系统变形。

4. 经济性好

要保证夹具具有一定的使用寿命和较低的夹具制造成本。专用夹具应尽可能采用标准元件和标准结构，力求结构简单、制造容易，以降低夹具的制造成本。

5. 工艺性好

专用夹具要具有良好的结构工艺性，以便于夹具制造、装配、调整、检验、维修等。

此外，要深入现场，联系实际。在确定设计方案时，应征求老师或主管工程师的意见，经过审批后进行设计；夹具设计必须保证图纸清晰、正确、完整和统一。

夹具设计质量的高低，应以能否稳定地保证工件的加工质量，生产效率高，成本低，排屑方便，操作安全、省力和制造、维护容易等为其衡量指标。

5.1.2 机床夹具设计的依据

（1）夹具设计任务书；
（2）工件的机械加工工艺规程；
（3）产品的图纸和技术要求；
（4）国家标准、部颁标准、企业标准等资料；
（5）企业所使用的机床目录；
（6）生产技术条件。

5.2 设计步骤

5.2.1 设计前的准备工作

（1）明确设计任务。接到夹具设计任务书后，应认真研究、分析，若发现问题，可提出修改意见，经审批后方可修改。

（2）仔细研究零件工序图、毛坯图，分析零件的作用、形状、结构特点、材料和技术要求。

（3）了解零件的生产纲领、投产批量及生产组织等有关信息。

（4）了解工件的工艺规程和本工序的具体技术要求。特别是本工序半成品的形状、尺寸、加工余量、切削用量和所使用的工艺基准；了解工件的定位、夹紧方案的选择。

（5）了解所使用量具的精度等级、刀具和辅助工具等的型号、规格。

（6）了解本企业制造和使用夹具的生产条件和技术现状。

（7）了解所使用机床的主要技术参数、性能、规格、精度，以及与夹具连接部分结构的联系尺寸等。

（8）准备好设计夹具用的各种标准、工艺规定，典型夹具图册和有关夹具的设计指导资料等。

（9）搜集国内外有关设计、制造同类型夹具的资料，吸取其中先进而又能结合本企业实际情况的合理部分。

5.2.2 总体方案的确定

设计方案的确定是一项十分重要的设计程序，方案的优劣往往决定了夹具设计的成败。因此，宁可在这里多花一点时间充分地进行研究、讨论，而不要急于绘图、草率从事。最好制订两种以上的结构方案，进行分析比较，确定一个最佳方案。

（1）确定定位方法，选择定位元件。定位应符合"六点定位原理"，定位元件尽可能选用标准件，必要时可在标准元件结构基础上做一些修改，以满足具体设计的需要。

（2）确定夹紧方式，设计夹紧机构。夹紧可以用手动、气动、液压或其他力源形式。重点应考虑夹紧力的大小、方向、作用点，以及作用力的传递方式，看是否会破坏定位，是否会造成工件过量变形，是否能满足生产率的要求。对于气动、液压夹具，应考虑汽（液压）缸的形式、安装位置、活塞杆长短等。

（3）确定夹具的总体形式。定位、夹紧确定之后，还要确定其他机构，如对刀装置、导引元件、分度机构、顶出装置等。最后设计夹具体，将各种元件、机构有机地连接在一起。

（4）夹紧力分析。首先应计算切削力大小，它是计算夹紧力的主要依据。通常确定切削力有以下三种方法：

① 由经验公式计算出；

② 由单位切削力得出；

③ 由手册上提供的图表查出。

根据切削力、夹紧力的方向、大小，按静力平衡条件求得理论夹紧力。为了保证工件装夹的安全可靠，夹紧机构（或元件）产生的实际夹紧力，一船应为理论夹紧力的 1.5～2.5 倍。

（5）夹具精度分析。在绘制的夹具结构草图上，标注出初步确定的定位元件的公差配合关系及相互位置精度，然后计算定位误差，根据误差不等式关系检验所规定的精度是否满足本工序加工技术要求，是否合理。否则应采取措施后（如重新确定公差，更换定位元件，改变定位基准，必要时甚至改变原设计方案）重新分析计算。

应当指出，由于加工方法、切削刀具、装夹方式千差万别，夹紧力计算有时是没有现成的公式可套用的，需要设计者（或同学们）根据过去已掌握的知识、技能进行分析、研究来确定合理的计算方法，或采用经验类比法，千万不要为了计算而去计算，只要在说明书内阐述清楚这样处理夹紧力的理由即可。

在确定夹具结构方案的过程中，应提出几种不同的方案进行比较分析，选取其中最为合理的结构方案。

5.2.3　绘制夹具装配图

夹具装配总图应能清楚地表示出夹具的工作原理和结构、各元件间的相互位置关系及相关轮廓尺寸。主视图应选择夹具在机床上使用时正确安放的位置，并且是工人操作面对的位置。夹紧机构应处于"夹紧"状态下，要正确选择必要的视图、剖面、剖视以及它们的配置。尽量采用 1:1 的比例绘制。基本步骤如下：

（1）先将被加工零件用双点画线（或红色细实线）勾出轮廓。注意工件轮廓是假想的透明体，不会挡住夹具上的任何线条，以后的绘制过程中要时时提醒自己不要忘记这一点。

（2）画出定位面、夹紧面和加工表面，根据工件定位基准的类型和主次，选择合适的定位元件，合理布置定位点，画出定位元件和导向元件，画出其他元件或机构；最后画出夹具体，把上述各组成部分连接成一体，在夹具装配图中，被加工件视为透明体。

（3）按夹紧状态画出夹紧元件和夹紧机构。对空行程较大的夹紧机构，还应用双点画线画出放松位置，以表示出和其他部分的关系。

（4）围绕工件的几个视图依次绘出对刀、导向元件，以及定向键等。

（5）最后绘制出夹具体及连接元件，把夹具的各组成元件和装置连成一体，形成完整的夹具。

（6）在总图适当的位置上画上缩小比例的工序图，以便于审核、制造、装配、检验者在阅图时对照。

（7）编制零件明细表。夹具总图上还应画出零件明细表和标题栏，写明夹具名称及零件明细表上所规定的内容。

5.2.4 夹具总图上应标注的尺寸和公差

在夹具总图上应标注有关尺寸、配合和技术要求。

1．夹具总图上应标注有关尺寸

（1）夹具外形轮廓尺寸。即夹具的最大外形轮廓尺寸（长、宽、高尺寸）。若夹具上有可动部分，应包括可动部分极限位置所占的空间尺寸。

（2）工件与定位元件间的联系尺寸。常指工件以孔在心轴或定位销上（或工件以外圆在内孔中）定位时，工件定位表面与夹具上定位元件间的配合尺寸，例如，工件基准孔与夹具定位销的配合尺寸。

（3）夹具与刀具的联系尺寸。用来确定夹具上对刀、导引元件位置的尺寸。对于铣、刨床夹具，是指对刀块与定位元件的位置尺寸；对于钻、镗床夹具，则是指钻（镗）套与定位元件间的位置尺寸、钻（镗）套之间的位置尺寸，以及钻（镗）套与刀具导向部分的配合尺寸等。

（4）夹具与机床连接部分的尺寸。用于确定夹具在机床上正确位置的尺寸，对于铣、刨床夹具是指定向键与铣床工作台 T 形槽的配合尺寸，对于车、磨床夹具指的是夹具连接到机床主轴端的连接尺寸。标注尺寸时，常以夹具上的定位元件作为相互位置尺寸的基准。

（5）其他装配尺寸。它是属于夹具内部的联系尺寸及关键件配合尺寸，例如，定位元件间的位置尺寸、定位元件与夹具体的配合尺寸等。

2．夹具的有关尺寸公差和形位公差标注

夹具的有关尺寸公差和形位公差通常取工件上相应公差的 1/5～1/2，最常用的是 1/3。当工序尺寸公差是未注公差时，夹具上的尺寸公差取为±0.1mm（或±10′），或根据具体情况确定；当加工表面未提出位置精度要求时，夹具上相应的公差一般不超过 0.002～0.005mm。表 5-1 列出了常用机床夹具的公差与被加工工件公差的关系，按此比例可选取夹具公差，供设计时参考。

表 5-1 按工件公差选取夹具公差

夹具类型	工件被加工尺寸的公差/mm				
	0.03～0.10	0.11～0.20	0.21～0.30	0.31～0.50	自由尺寸
车床夹具	1/4	1/4	1/5	1/5	1/5
钻床夹具	1/3	1/3	1/4	1/4	1/5
镗床夹具	1/2	1/2	1/3	1/3	1/5

机床夹具上常用配合种类和公差等级的选择，可参考表 4-3。

在具体选用时，要结合生产类型、工件的加工精度等因素综合考虑。对于生产批量较大，夹具结构较复杂，而加工精度要求又较高的情况，夹具公差值可取得小些。这样，虽然夹具制造较困难，成本较高，但可以延长夹具的寿命，并可靠保证工件的加工精度，因此是经济合理的；对于批量不大的生产，则在保证加工精度的前提下，可使夹具的公差取得大些，以便于制造。设计时可查阅《机床夹具设计手册》作为参考。

另外，为便于保证工件的加工精度，在确定夹具的距离尺寸时，基本尺寸应为工件相应尺寸的平均值。极限偏差一般应采用双向对称分布。

3．形状、位置要求

（1）定位元件间的位置精度要求；
（2）定位元件与夹具安装面之间的相互位置精度要求；
（3）定位元件与对刀引导元件之间的相互位置精度要求；
（4）引导元件之间的相互位置精度要求；
（5）定位元件或引导元件对夹具找正基面的位置精度要求；
（6）与保证夹具装配精度有关的或与检验方法有关的特殊技术要求。

表 5-2 中列出了夹具一般技术条件数据，供设计时参考。

表 5-2　夹具一般技术条件数据

技　术　条　件	参考数值/mm
定位元件工作表面对定位键的平行度或垂直度	≤0.02
定位元件工作表面对夹具体底面的平行度或垂直度	≤0.02:100
钻套轴线对夹具体底面的同轴度	≤0.02:100
镗模前、后镗套的同轴度	≤0.02
对刀块工作表面对定位元件表面的平行度或垂直度	≤0.03:100
对刀块工作表面对定位键侧面的平行度或垂直度	≤0.03:100
车、磨夹具的找正基面对其回转中心的径向跳动	≤0.02

其他的技术要求可标于总图下方适当的位置，内容包括为保证装配精度而规定或建议采取的制造方法与步骤；为保证夹具精度和操作方便而应注意的事项；对夹具某些部件动作灵活性的要求等。

5.2.5　绘制夹具零件图

夹具装配图或总图绘制完毕后，对夹具上的非标准件要绘制夹具零件图。绘制图样时，除应符合制图标准外，其尺寸、位置精度应与总图上的相应要求相适应。同时还应考虑为保证总装精度而做必要的说明，如指明在装配时需补充加工等有关说明等。零件的结构、尺寸应尽可能标准化、规格化，以减少品种规格。特别应注意零件的技术要求与必要说明。

夹具常用的零件及部件都已标准化（参阅 GB/T 2148～2258—1991，GB/T 2262～2269—1991），从标准中可查得夹具零件及部件的结构尺寸、精度等级、表面粗糙度、材料及热处理条件等。它们的技术要求可参阅机床夹具零件及部件技术条件（GB/T 2259—1991）中的规定。

夹具主要零件常用的材料和热处理技术要求见表 5-3。

表 5-3　夹具主要零件常用的材料和热处理技术要求

零件种类	零件名称	材　料	热处理要求
壳体零件	夹具体及形状复杂的壳体	HT200	时　效
	焊接件	Q235	时　效
	花盘和车床夹具体	HT300	时　效
定位件	定位心轴	$D{\leqslant}35mm$ T8A	淬火：55～60HRC
		$D>35mm$　45	淬火：43～48HRC
	斜　楔	20	渗碳、淬火、回火：54～60HRC 渗碳深度：0.8～1.2mm
	各种形状的压板	45	淬火、回火：40～45HRC
	卡　爪	20	渗碳、淬火、回火：54～60HRC 渗碳深度：0.8～1.2mm
夹紧件	钳　口	20	渗碳、淬火、回火：54～60HRC 渗碳深度：0.8～1.2mm
	虎钳丝杆	45	淬火、回火：35～40HRC
	切向夹紧用螺栓和衬套	45	调质：225～255HBS
	弹簧夹头心轴用螺母	45	淬火、回火：35～40HRC
	弹性夹头	65Mn	夹头部分淬火、回火：56～61HRC 弹性部分淬火：43～48HRC
其他零件	分度盘	20	渗碳、淬火、回火：54～60HRC 渗碳深度：0.8～1.2mm
	靠模、凸轮	20	渗碳、淬火、回火：54～60HRC 渗碳深度：0.8～1.2mm
	活动零件用导板	45	淬火、回火：35～40HRC
	低速运转的轴承衬套和轴瓦	ZQSn6-6-3	
	高速运转的轴承衬套和轴瓦	ZQPb12-8	

5.2.6　夹具精度校核

在夹具设计中，当结构方案拟订之后，应该对夹具的方案进行精度分析和估算；在夹具总图设计完成后，还应该根据夹具有关元件的配合性质及技术要求，再进行一次复核。这是确保产品加工质量而必须进行的误差分析。

在夹具设计图纸全部完毕后，还有待于精心制造、实践和使用来验证设计的科学性。经试用后，有时还可能要对原设计做必要的修改。因此，要获得一项完善的优秀的夹具设计，设计人员通常应参与夹具的制造、装配、鉴定和使用的全过程。

实际生产中，夹具设计的程序如图 5-1 所示。

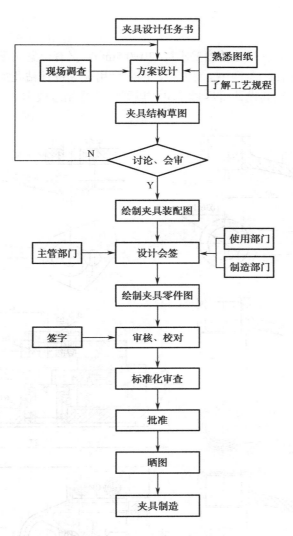

图 5-1　企业夹具设计程序框图

5.3　设计实例分析

加工对象：钻连杆小头孔ϕ18H7。

已知工件材料 45 钢，毛坯为模锻件，年产量为 500 件，所用加工机床为立式钻床 Z5025。孔的加工要求见工序简图 5-2（a），要求孔壁均匀，表面粗糙度为 Ra 1.6μm，需进行钻-扩-铰（粗铰、精铰）四个工步。

钻夹具设计过程简述如下。

1．明确设计任务

本工序是孔加工，既有尺寸精度要求：120±0.5mm，又有位置精度要求：对大孔的平行度为 0.05mm。从年产量来看属于中批量生产，因此使用夹具进行钻孔加工是合适的，因生产批量也不是太大，故应使夹具设计得尽量简单，以降低夹具制造成本。

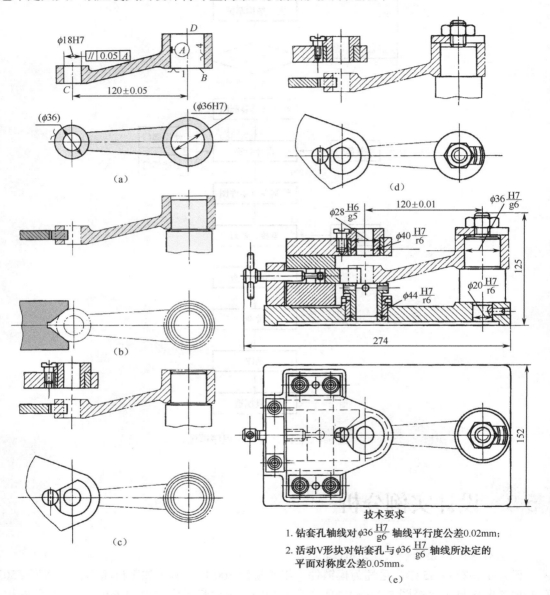

技术要求

1. 钻套孔轴线对 $\phi36\dfrac{H7}{g6}$ 轴线平行度公差0.02mm；
2. 活动V形块对钻套孔与 $\phi36\dfrac{H7}{g6}$ 轴线所决定的平面对称度公差0.05mm。

(e)

图 5-2　夹具设计过程示例

2．确定总体方案

（1）确定定位方法，选择定位元件。本工序加工根据基准重合原则，应选 $\phi36H7$ 孔为主要的定位基准，采用间隙配合的刚性心轴加小端面的定位方式，控制五个自由度，右端采用活动 V 形块控制工件的转动，见图 5-2（a），选择相应的定位元件进行布置，如图 5-2（b）所示。

（2）确定导向装置。根据上面的分析可知，钻小头孔ϕ18 时，在一次装夹下，要进行四次加工，因此采用快换钻套，加固定钻模板，如图 5-2（c）所示。

（3）确定夹紧机构。为简化夹具结构，采用螺纹夹紧，即在心轴上直接做出一段螺纹，用螺母和开口垫片夹紧，装卸方便，如图 5-2（d）所示。

（4）确定其他装置和夹具体。由图 5-2（d）可以看出，加工部位小头孔ϕ18 下面此时是悬空的，应在此处增加辅助支承，如ϕ44 套筒，以增加工艺系统的刚性。采用夹具体和底座将以上各部分连接起来，形成一个完整的装置，如图 5-2（e）所示。

对于夹具与机床的连接，是这样考虑的：因为是在立式钻床上加工，夹具安装在工作台上可直接用钻套找正并用压板固定，只需在夹具体上留出压板夹紧的位置即可；考虑到夹具的刚度和安装的稳定性，夹具底面设计成周边接触的形式。

3．绘制夹具总图

在绘好夹具草图的基础上，绘制夹具总图，标注上尺寸和技术要求。

4．对零件图进行编号

填写明细表和标题栏，设计夹具体等非标准零件图。

5.4　夹具设计的其他说明

夹具总体设计的几点要求是：
（1）定位件、夹紧件、导引件等元件设计时应尽可能标准化、通用化。
（2）为操作方便和防止装反，应设置止动销、障碍销、防误装标志等。
（3）运动部件必须运动灵活、可靠。
（4）零部件结构工艺性要好，应易于制造、检测、装配和调整。
（5）夹具结构应便于维修和更换零部件。
（6）适当考虑提高夹具的通用性。

5.4.1　夹具设计中容易出现的错误

对于刚工作不久的设计人员或在校的高校学生进行夹具设计时，由于缺乏现场经验和工艺结构性等方面知识，容易出现一些图面上的结构错误，表 5-4 给出了机床夹具设计中常出现错误的图示说明，供设计时参考。

表 5-4　夹具设计中常见错误举例

项　目	正误对比		注　释
	错误或不好的结构	正确或较好的结构	
工件安放			工件最好不要直接与夹具体接触，应加放支承板等
定位销在夹具体上的定位与连接			定位销本身的位置误差太大，因为螺纹起不到定心作用；带螺纹的销应有起定心作用的一般圆柱部分和旋紧用的扳手或平面
削边销安装方向			削边销长轴应处于两孔连心线垂直方向上
可调支承			要有锁紧螺母；应有扳手孔、面或起子槽
摆动压块			压杆应能装入，且当压杆上升时摆动压块不得脱落
移动 V 形块			V 形架移动副应便于制造、调整和维修；与夹具体之间应避免大面积接触
可移动心轴			手轮转动时应保证心轴只移动不转动

续表

项　目	正 误 对 比		注　释
	错误或不好的结构	正确或较好的结构	
联动机构的运动补偿	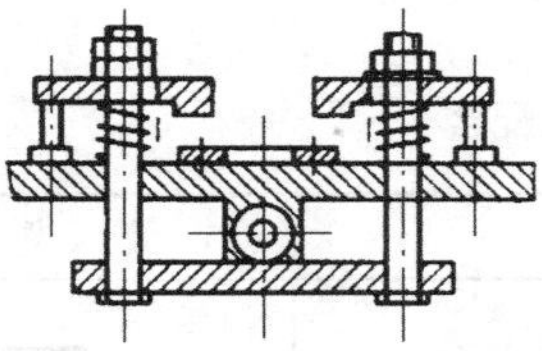	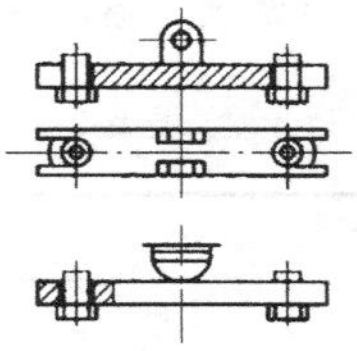	联动机构应操作灵活省力,不应发生干涉,可采用槽、长圆孔、高副等作为补偿环节
使用球面垫圈	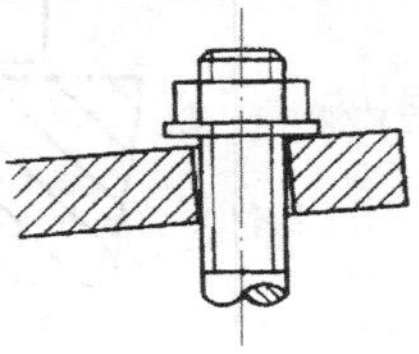	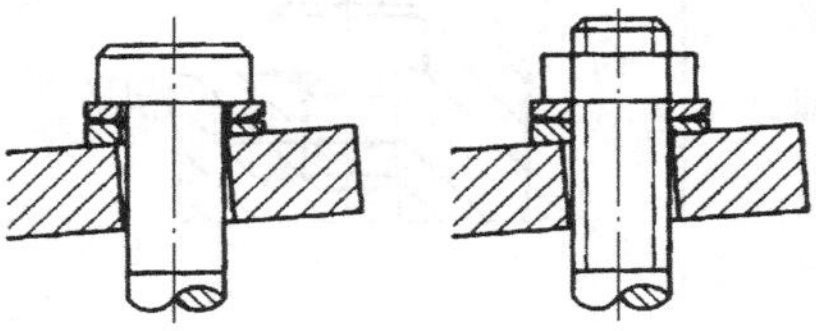	螺杆与压板有可能倾斜受力时,应采用球面垫圈,避免螺纹产生附加弯曲应力而受到破坏
耳孔方向	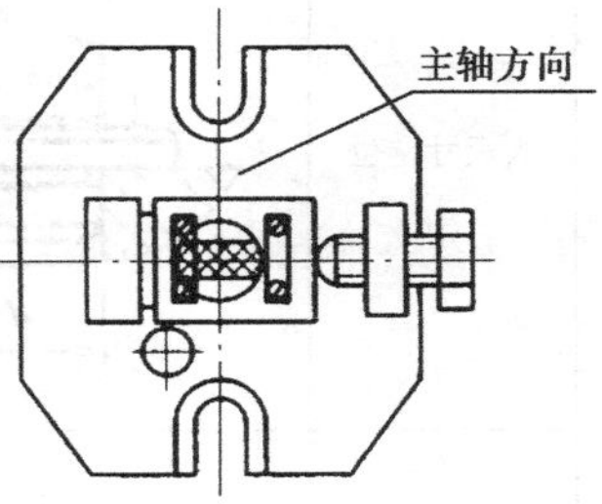 主轴方向	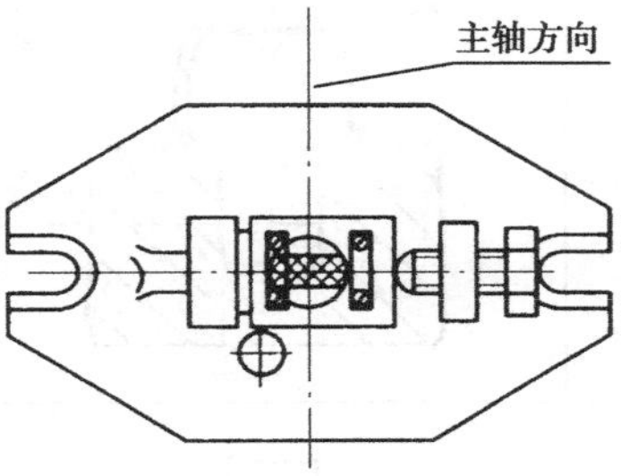 主轴方向	耳孔方向(机床工作台T形槽方向)应与夹具在机床上安放及刀具(机床主轴)之间协调一致,不应相互矛盾
铸造结构	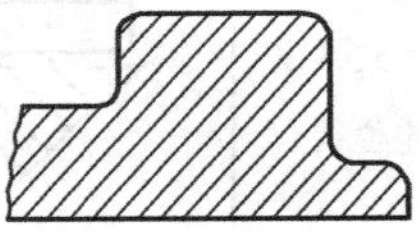	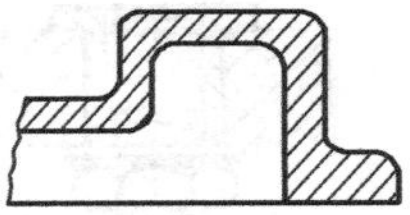	夹具体铸件壁厚应均匀
加强筋的设置	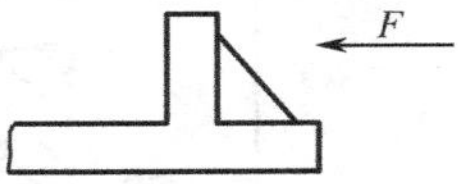 F	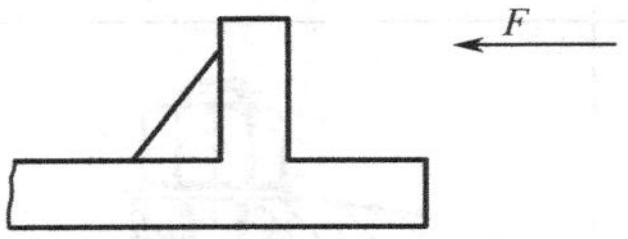 F	加强筋应尽量放在使之承受压应力的方向
螺纹连接	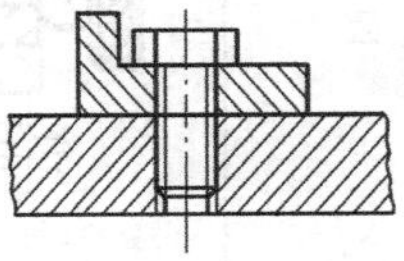	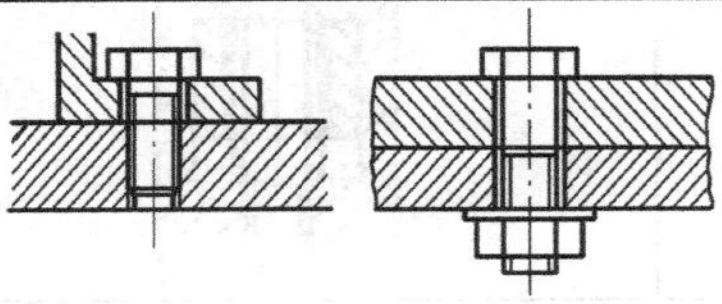	螺纹连接应为光孔,如两者都有螺纹将无法拧紧
机构自由度	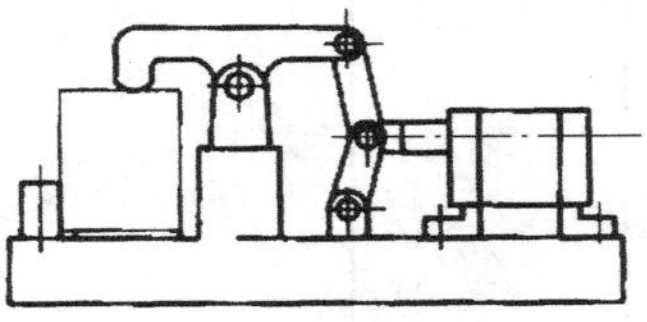	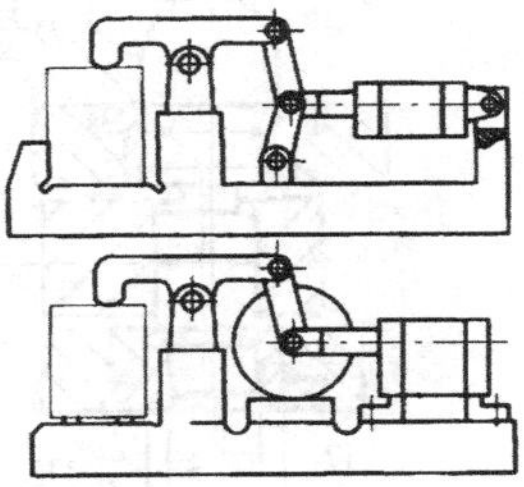	夹紧机构运动时不得发生干涉,保证自由度 $F \neq 0$; 左图:$F=3\times4-2\times6=0$ 右上图:$F=3\times5-2\times7=1$; 右下图:$F=3\times3-2\times4=1$

5.4.2 常用机床夹具元件的配合图例

常用夹具元件的配合图例见表 5-5。

表 5-5 常用夹具元件的配合

配 合 件		图 例
固定支承钉与定位销的典型配合	固定支承钉	$d\dfrac{\text{H7}}{\text{n6}}$
	定位销	$d\dfrac{\text{H7}}{\text{r6}}$
	削边销	$d\dfrac{\text{H7}}{\text{n6}}$
	大尺寸定位销	$Df7$ $d\dfrac{\text{H7}}{\text{h6}}$
	可换定位销	$d\dfrac{\text{H7}}{\text{h6}}$ $D\dfrac{\text{H7}}{\text{n6}}$
	盖板式钻模定位销	$d\dfrac{\text{H7}}{\text{h6}}$
夹紧件的典型配合	钩形压板	$d\dfrac{\text{H9}}{\text{f9}}$
	切向夹紧装置	$D\dfrac{\text{H9}}{\text{f9}}$ $P\dfrac{\text{H11}}{\text{}}$
	偏心夹紧机构	$d\dfrac{\text{H7}}{\text{g6}}$ $D\dfrac{\text{H8}}{\text{s7}}$ $d_1\dfrac{\text{H7}}{\text{f7}}$ $d_2\dfrac{\text{H7}}{\text{g6}}$ $D_1\dfrac{\text{H8}}{\text{s7}}$

配　合　件		图　　例
可运动件的典型配合	滑动钳口	滑动 V 形块
其他典型配合	铰链钻模板	

表 5-6 列举了固定式导套的配合，以供设计参考。

表 5-6　固定式导套的配合

工艺方法		配合尺寸		
		ϕd	ϕD	ϕD_1
钻孔	刀具切削部分引导	F8/h6，G7/h6	H7/g6，H7/f7	H7/r6，H7/n6，H7/s6
	刀柄部或刀杆引导	H7/f7，H7/g6		
铰孔	粗铰	G7/h6，H7/h6	H7/g6，H7/h6	H7/r6，H7/n6
	精铰	G6/h5，H6/h5	H6/g5，H6/h5	
镗孔	粗镗	H7/h6	H7/g6，H7/h6	
	精镗	H6/h5	H6/g5，H6/h5	
结构简图				

5.4.3　夹具设计精度的设计原则

1．对一般精度的夹具

（1）应使主要组成零件具有相应加工方法的平均经济精度；

（2）应按获得夹具精度的工艺方法所达到的平均经济精度，规定基础件夹具体加工孔的形位公差。

对一般精度或精度要求低的夹具，组成零件的加工精度按此规定，既可降低制造成本，又使夹具具有较大的精度裕度，能使设计的夹具获得较佳的经济效果。

2．对精密夹具

除遵循一般精度夹具的两项原则外，对某个关键零件，还应规定与偶件配作或配研等，以达到无间隙滑动等。

5.5　计算机辅助夹具设计

利用计算机进行辅助设计，既可以减轻设计人员的负担，又能实现优化设计，寻找最佳夹紧状态，利用有限元法对零件的强度、刚度进行设计计算，提高夹具设计的效率和设计精度，同时可实现包括绘图在内的设计过程的全部计算机控制。

5.5.1　交互式的 CAFD

CAFD（Computer Aided Fixture Design）即为计算机辅助夹具设计，第一代 CAFD 系统是交互式设计系统（I-CAFD），与 20 世纪 80 年代初 CAD 软件的水平相配合。设计人员简单应用 CAD 软件的二维图形功能，建立一个标准夹具元件数据库，设计者根据经验选择元件，用以在计算机屏幕上装配成夹具图。为了便于建立夹具元件数据库，先行的研究者选择了元件标准化程度最高的组合夹具作为研发的对象，后来开发的 CAFD 系统加上了定位方法选择、工件信息检索、元件选择、元件安装等模块，成为一个独立的系统，提高了 CAFD 系统的实用性。交互式 CAFD 系统的设计步骤与传统的夹具设计步骤相似，组合夹具只是在计算机屏幕上实现虚拟组装，没有利用已有夹具的信息。

交互式夹具设计步骤以传统夹具设计步骤为基础。首先根据工件特征、工序信息及夹具信息，调用有关的程序和数据协助技术人员来完成夹具的定位方案、导向方案、夹紧方案的设计，并通过人机交互的方式完成各功能元件和部件的选择和设计；然后进入三维绘图环境，采用人工交互的方式进行参数化驱动以获得尺寸满足要求的元件和部件，装配后绘出装配图和零件图。交互式夹具设计系统流程图如图 5-3 所示。

这是一种人机对话式程序，可完成定位元件、夹紧装置、夹具体和总体设计。程序先按工件加工要求、材料，确定所使用的机床，由切削用量和有关数据计算切削力，选择夹紧螺钉的参数和夹紧机构，然后再设计定位元件和夹具体等，这种对话式程序设计，要求夹具零件有较高的标准化程度，程序设计者要有较丰富的工艺经验。

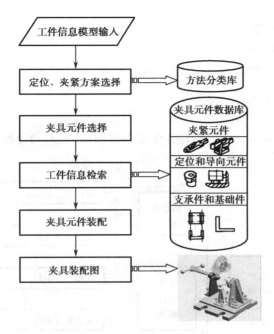

图 5-3　交互式夹具设计系统流程图

5.5.2　基于成组技术的 CAFD 系统

1．成组技术

成组技术 GT（Group Technology）是揭示和利用事物间的相似性，按照一定的准则分类成组，同组事物能够采用同一方法进行处理，以便提高效益的技术。它已涉及各类工程技术、计算机技术、系统工程、管理科学等学科的前沿领域。日本、美国、德国等许多国家把成组技术与计算机技术、自动化技术结合起来发展成柔性制造技术，使多品种、中小批量生产实现高度自动化。全面采用成组技术会从根本上影响企业内部的管理制度和工作方式，提高标准化、专业化和自动化程度。在机械制造工程中，成组技术是计算机辅助制造的基础，将成组技术用于设计、制造和管理等整个生产系统，改变多品种、小批量生产方式，以获得最大的经济效益。

将成组技术的原理应用到夹具设计、制造上便产生了成组夹具。

2．成组工艺

成组技术的核心是成组工艺。它把结构、材料、工艺相近似的零件组成一个零件族（组），按零件族制订工艺进行加工，从而扩大了批量，减少了品种，便于采用高效方法，提高了劳动生产率。零件的相似性是广义的，在几何形状、尺寸、功能要素、精度、材料等方面的相似性为基本相似性，以基本相似性为基础，在制造、装配等生产、经营、管理等方面所导出的相似性，称为二次相似性或派生相似性。

成组工艺实施的步骤为：

（1）零件分类成组；

（2）制订零件的成组加工工艺；

（3）设计成组工艺装备；

（4）组织成组加工生产线。

3．系统实施

基于成组技术的 CAFD 主要包括设计信息管理模块、夹具设计检索模块和夹具设计信息管理模块等，系统实施的总体结构如图 5-4 所示。

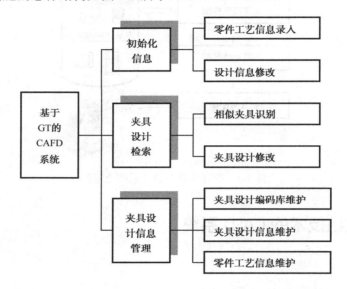

图 5-4　系统实施的总体结构

（1）初始化信息模块。负责管理系统夹具设计要求的各类初始化信息，包括零件几何形状信息、工艺信息、定位信息等，并具有录入和修改两大功能。

（2）夹具设计检索模块。通过相似性分析算法，对最可能的相似夹具进行识别，并具有修改能力，以完成夹具新的设计。

（3）夹具设计信息管理模块。用于实施夹具设计过程中所有数据信息和文件的管理维护工作，包括工件输入信息的修改、删除、输出等，夹具设计代码库的维护，夹具设计信息的维护等。

5.5.3　CBR 技术

将以前设计好、经实践证明是可行的各类夹具设计 CAD 图纸放入图样库，建立基于实例推理的现代夹具设计新方法。

1. 基于实例推理技术

基于实例推理 CBR（Case-Based Reasoning）技术是近年来在人工智能技术中发展起来的，区别于传统规则推理的一种较新的设计推理方法。它以已有的设计实例为基础，通过类比和联想，从实例库中选择与当前设计要求最相近的实例，并调整选定实例中不能满足要求的因素，最终形成新的设计并作为新的实例存储于实例库中。将 CBR 技术的设计理念应用于创新设计中，可以快速形成可靠的技术方案，拿出类似的产品新图纸，将有助于与用户沟通，解决以往每次设计都要从头做起，工作量大的缺点。用产品数据管理系统（PDM）和 CAD 等来存储实例和图纸，通过相似性联想找出相似实例，利用遗传算法等进行方案组合优化，采用人机对话对检索出的实例进行修改，实现原实例知识的重用。CBR 技术示意图如图 5-5 所示。

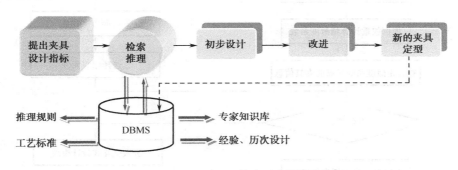

图 5-5　CBR 技术示意图

CBR 技术的核心思想是通过借鉴以前设计的成功经验和方法来解决新问题（或应对新的夹具设计）。

2. 基本推理步骤

CBR 的基本推理步骤是：

（1）提出问题。输入待解决问题的要求、初始条件及相关信息。

（2）提取实例。根据要求及初始条件，从实例库中提取一组与当前问题相似的实例。

（3）修改实例。从相似实例中找出最相似的实例或通过对目标方案的修改来满足当前的要求。

（4）存储实例。问题解决之后，当前的解即可作为新的实例存入实例库中，以备设计新产品时调用。将基于实例的设计技术应用到夹具设计中，通过对夹具实例的描述、组织、管理等，实现基于实例的夹具 CAD 系统。

3. 设计流程

基于 CBR 的夹具设计流程图如图 5-6 所示。

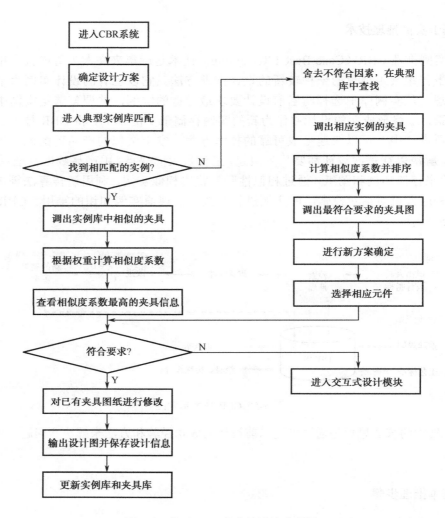

图 5-6　基于 CBR 的夹具设计流程图

习　题

5.1　设计机床夹具时要考虑哪些因素？

5.2　试述夹具设计的步骤及一般应注意的问题。

5.3　夹具总图上应标注哪几类尺寸？其公差与配合如何确定？

5.4　夹具总图上应标注哪几类技术条件？其值如何确定？

第 6 章

典型夹具设计与实例

本章学习的目标

了解各类机床夹具的主要类型、设计要点；

能对加工工艺所需的专用夹具提出设计总图（或草图）。

重点与难点

导向装置、对刀装置和对定装置；

车、钻、镗和铣类夹具的典型结构及应用。

6.1 车床夹具

车床夹具主要用于加工零件的内、外圆柱面，圆锥面，回转形成面，螺纹及端平面。图 6-1 所示是某车床使用夹具的三维图和工件装卸图。车床夹具的主要特点是：夹具都装在机床主轴上，车削时夹具带动工件做旋转运动，由于主轴转速一般都很高，在设计这类夹具时，要注意解决由于夹具旋转带来的不平衡问题和操作安全问题。

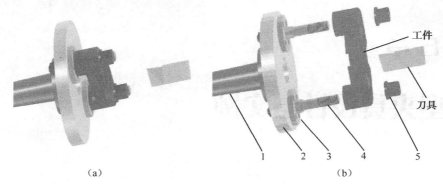

1—锥柄；2—过渡盘；3—定位元件；4—螺栓；5—螺母

图 6-1 车床夹具三维图和工件装卸图

6.1.1 设计引例

1．示例

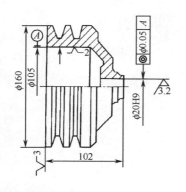

图 6-2 带轮加工小头孔工序简图

在车床上加工如图 6-2 所示的带轮上的 $\phi20H9$ 孔，要求同轴度为 $\phi0.05mm$，试进行加工小头孔车床夹具的设计 分析。

2．技术分析

由于小头孔 $\phi20H9$ 对大孔 $\phi105mm$ 有同轴度要求，对大孔的左端面有尺寸要求，故选择大孔 $\phi105mm$ 的端面和内孔作为定位基准，控制五个自由度，按图示方向进行夹紧。

3．夹具简图

该带轮加工小头孔车床夹具简图如图 6-3 所示。装夹工件时，将 $\phi105mm$ 孔套在三个滑块卡爪 3 上，并以端面紧靠定位套 1，当拉杆向左（通过气压或液压）移动时，斜楔 2 上的斜槽使三个滑块卡爪 3 同时等速径向移动，从而使工件定心并夹紧。与此同时，压块 4 压缩弹簧销 5。当拉杆反向运动时，在弹簧销 5 的作用下，三个滑块卡爪同时收缩，从而松开工件。

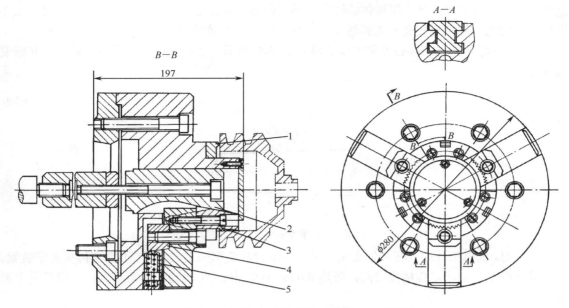

1—定位套；2—斜楔；3—滑块卡爪；4—压块；5—弹簧销

图 6-3　带轮加工小头孔车床夹具

6.1.2　必备知识和设计要点

1. 车床夹具的主要类型

根据工件的定位基准和夹具本身的结构特点，车床夹具可分为：以工件外圆定位的车床夹具，如各类夹盘和夹头；以工件内孔定位的车床夹具，如各种心轴；以工件上顶尖孔定位的车床夹具，如顶尖、拨盘等；用于加工非回转体的车床夹具，如各种弯板式、花盘式车床夹具。以下重点介绍三类车床夹具。

1）心轴类车床夹具

心轴类车床夹具多用于工件以内孔作为定位基准加工外圆柱面的情况。常见的车床心轴有圆柱心轴、小锥度心轴、弹簧心轴、顶尖式心轴等。

（1）圆柱心轴。一般心轴是以两顶尖孔装在车床前后两顶尖上，用拨叉或鸡心夹头传递动力，在第 2 章中已介绍了，这里不再赘述。图 6-4 所示的是动配合圆柱心轴，工件以内孔在心轴上动配合 H7/h6 定位，通过开口垫圈、螺母夹紧。

圆柱心轴是以外圆柱面定心、端面压紧来装夹工件的。心轴与工件孔一般用 H7/h6、H7/g6 的间隙配合，所以工件能很方便地套在心轴上。但由于配合间隙较大，一般只能保证同轴度在 0.02mm 左右。

（2）小锥度心轴。为了消除间隙，提高心轴定位

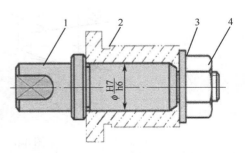

1—心轴；2—工件；3—开口垫圈；4—螺母

图 6-4　动配合圆柱心轴

精度，心轴可以做成锥体，但锥体的锥度很小，否则工件在心轴上会产生歪斜。定位时，工件楔紧在心轴上，楔紧后孔会产生弹性变形，从而使工件不致倾斜。

① 结构特点。小锥度心轴的工作原理如图 6-5 所示，心轴做成锥度很小的锥形，其锥度通常为

$$K = \frac{1}{5\,000} \sim \frac{1}{1\,000} \qquad (6\text{-}1)$$

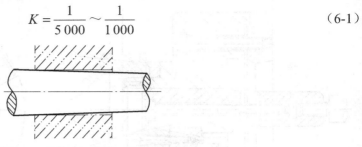

图 6-5　小锥度心轴的工作原理

定位时，依靠工件的孔在心轴上楔紧时产生的弹性变形来定心夹紧，不需要再加夹紧装置。用小锥度心轴定位，定心精度较高，可达 0.005～0.01mm；但传递的力矩不大，一般只用于精车、磨削或检验。

② 定位误差。

● 轴向定位误差：轴向定位误差的计算见图 6-6（a），由于工件孔径的变化，引起轴向位移 N 为

$$\frac{D_{max} - D_{min}}{N} = K \qquad (6\text{-}2)$$

因此

$$N = \frac{D_{max} - D_{min}}{K}$$

由于 K 数值很小，所以 N 的数值很大。

● 倾斜误差：若工件的孔在锥度心轴上未均匀楔紧，则其最坏的情况如图 6-6（b）所示。由图中 $\triangle abc$ 可求得

$$\Delta = B \cdot \tan \alpha \qquad (6\text{-}3)$$

因 $\tan \alpha = \dfrac{K}{2}$，所以

$$\Delta = B \cdot \frac{K}{2} \qquad (6\text{-}4)$$

造成外圆对内孔的同轴度误差为 2Δ。

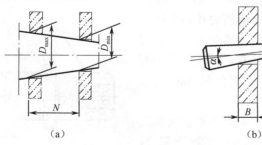

（a）　　　　　　　　　　　　（b）

图 6-6　小锥度心轴定位误差的计算

③ 设计要点。

● 由式（6-4）可知：当要求定心精度高时，即同轴度误差（2Δ）要求较小，锥度 K 应取小值。

● 切削扭矩大，为了使孔与心轴接触面的弹性变形区域大，锥度 K 应取小值。这样摩擦增大，夹紧就更可靠一些。

● 锥度 K 值越小，则工件的轴向位置变化越大，要求心轴的长度越长。

2）卡盘类车床夹具

卡盘类车床夹具一般用一个以上的卡爪来夹紧工件，多采用定心夹紧机构，常用于以外圆（或内圆）及端面定位的回转体的加工，因此卡盘式车床夹具的结构基本上是对称的，回转时的不平衡影响较小。

图 6-7 所示是加工某水泵壳所用的车床夹具。工件在支承板 2 和定位销 4 上定位，限制工件的五个自由度（绕工件轴线的回转自由度不需要限制），装在车床尾部的汽缸给气后，活塞杆拽中间拉杆（汽缸、中间拉杆等均未在图中表示），中间拉杆往左拽拉杆 9，拉杆 9 带动浮动盘 1 向左运动，驱动三个卡爪 3 将工件压紧在支承板 2 上。为保证三个卡爪都能起到压紧工件的作用，浮动盘 1 被设计成浮动自定位的结构。为保证质量平衡，在夹具体上安装了配重块 10。

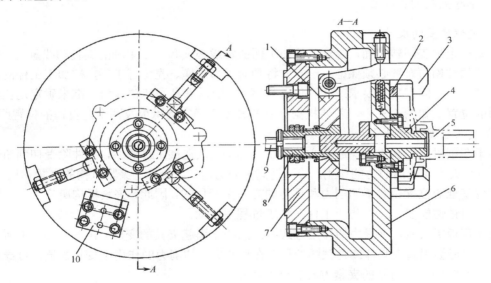

1—浮动盘；2—支承板；3—卡爪；4—定位销；5—工件；6—夹具体；7—连接盘；8—连接套；9—拉杆；10—配重块

图 6-7 卡盘类车床专用夹具

3）弯板类车床夹具

弯板类车床夹具的夹具体为圆盘形。在弯板类车床夹具上加工的工件一般形状都较复杂，如加工壳体、支座、杠杆、接头等零件上的回转面和端面，多数情况是工件的定位基准为与加工圆柱面垂直的端面，夹具上的平面定位件与车床主轴的轴线垂直。

图 6-8 所示为一弯板类车床夹具。加工工件上的孔和端面，工件以两孔在圆柱销和削边销上定位；端面直接在夹具体角铁平面上的支承板上定位。两钩形压板分别在两定位销孔旁把工件夹紧，1 是平衡块，以消除夹具在回转时的不平衡现象；同时在夹具上还装有防护罩 2；为了便于在加工中测量保证工件端面尺寸 **10mm**，在靠近加工面上方还设计有测量基准面。

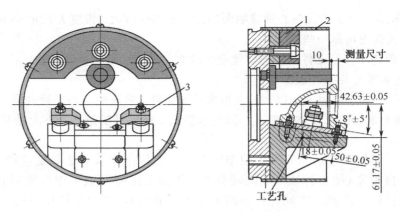

1—平衡块；2—防护罩；3—钩形压板

图 6-8　弯板类车床夹具

2．车床夹具的设计要点

1）定位装置的设计要点

在车床上加工回转表面，要求工件加工面的轴线必须和车床主轴的旋转轴线重合，夹具上定位装置的结构与布置必须保证这一点。特别对于如支座、壳体等工件，被加工工件的回转表面与工序基准之间有尺寸要求或相互位置精度时，应以夹具回转轴线为基准来确定定位元件工作表面的位置。如图 6-8 中，就要根据夹具的轴线来确定支承板及两个定位销的位置距离。

2）夹紧装置的设计要点

由于车削时工件和夹具一起随主轴做旋转运动，故在加工过程中，工件除受切削扭矩的作用外，整个夹具还受离心力的作用，转速越高离心力越大，会降低夹紧机构的夹紧作用。此外，工件定位基准的位置相对于切削力和重力的方向是变化的。因此，夹紧机构所产生的夹紧力必须足够，自锁性能要好，以防止工件在加工过程中松动。

对于弯板类夹具，夹紧力的作用方式要注意防止引起夹具的变形。图 6-9（a）中所示的施力方式，可能会引起夹具体或角铁的变形，在离心力、切削力的作用下变形加剧，可导致工件松动；图 6-9（b）中所示的夹紧方案安全性较好。

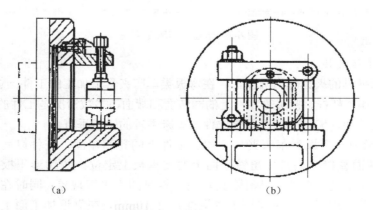

（a）　　　　　　　　　　　（b）

图 6-9　夹紧力施力方式比较

3）车床夹具与机床的连接

车床夹具与机床主轴的连接精度对工件加工表面的相互位置精度有决定性的影响。夹具的回转轴线与车床的回转轴线必须有较高的同轴度。

一般车床夹具在机床主轴上的安装有三种方式，详见 4.1 节。

4）对夹具总体结构的要求

（1）结构紧凑、悬伸短。车床夹具一般是在悬臂状态下工作的，为保证加工稳定性，夹具的结构应力求紧凑，轮廓尺寸尽可能小，轻便，悬伸长度要短，使重心尽可能靠近主轴端部，以减小离心力和回转力矩。

夹具的悬伸长度 L 与其轮廓直径 D 之比，可参照以下数值进行选取：

对直径小于 150mm 的夹具，$L/D \leqslant 2.5$；

对直径在 150～300mm 之间的夹具，$L/D \leqslant 0.9$；

对直径大于 300mm 的夹具，$L/D \leqslant 0.6$。

（2）平衡与配重。由于车床夹具加工时随主轴旋转，且车削加工转速较高，若夹具的重心不在主轴的回转轴线上，就会产生离心力，将会引起振动，影响加工精度和刀具寿命，加剧机床主轴和轴承的磨损，且不安全。所以对车床夹具要有平衡要求。平衡的方法有两种：设置平衡块（或配重块）或加工减重孔，平衡块（或配重块）上应开有弧形槽或径向孔，以便调整其位置，图 6-8 中的 1 就是平衡块。对低速切削的车床夹具只需进行静平衡验算，对高速车削的车床夹具需考虑离心力的影响。

（3）安全性。高速回转的夹具，特别要注意夹紧装置是否可靠，防止在回转过程中发生松动，否则，有发生工件飞出的危险。车床夹具应设计成圆形结构。为保证安全，夹具上尽可能避免有尖角，夹具上（包括工件）的各个元件一般不允许突出在夹具体的圆形轮廓之外。此外，还应注意防止切屑缠绕和切削液的飞溅等问题，必要时可设置防护罩。

6.1.3　课外分析与思考

CA6140 车床开合螺母零件如图 6-10 所示。现加工工序为：在车床上精镗 $\phi40^{+0.027}_{0}$ mm 孔及车端面。工件材料为 45 钢，毛坯为锻件，中批量生产，技术要求为：

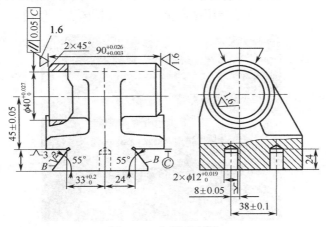

图 6-10　车削工序图

（1）$\phi40^{+0.027}_{0}$ mm 孔轴线到燕尾导轨底面 C 的距离为（45 ± 0.05）mm。

（2）$\phi 40^{+0.027}_{0}$ mm 孔轴线与燕尾导轨底面 C 的平行度为 0.05mm。

（3）加工孔轴线与 $\phi 12^{+0.019}_{0}$ mm 孔的距离为（8±0.05）mm。

对于该工序所设计的夹具如图 6-11 所示，试对其结构进行分析，说明该夹具与机床是如何连接的。

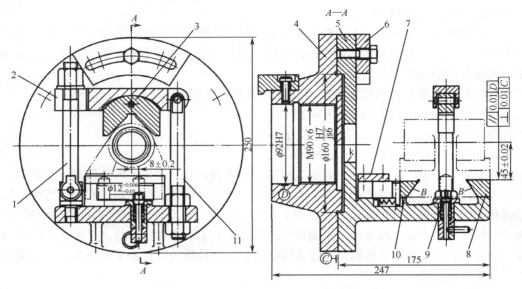

1，11—螺栓；2—压板；3—摆动 V 形块；4—过渡盘；5—夹具体；6—平衡块；7—盖板；

8—固定支承板；9—活动菱形销；10—活动支承板

图 6-11　角铁式车床夹具

6.2　钻床夹具

钻床夹具主要由定位元件、夹紧装置、钻模板、钻套、夹具体组成。钻床夹具在机械制造厂有广泛的应用，图 6-12 所示就是专用钻床夹具在摇臂钻床上的使用。

图 6-12　专用钻床夹具在摇臂钻床上的使用

6.2.1　设计引例

1．示例

图 6-13 所示是某套类零件加工孔的工序图，ϕ68H7 孔与两端面已经加工好。本工序需加工ϕ12H7孔，要求孔中心至 N 面为（15±0.1）mm；与ϕ68H7孔轴线的垂直度公差为 0.05mm，对称度公差为0.1mm。

2．技术分析

加工时选定工件以端面 N 为主要定位基面，可以满足尺寸（15±0.1）mm 及对称度的要求，符合基准重合的原则；以ϕ68H7 内圆表面作为第二定位面，它们共限制了工件五个自由度，夹紧方向如图所示。

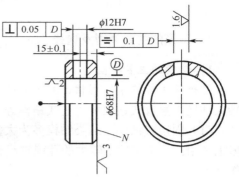

图 6-13　钻孔工序简图

3．夹具简图

根据上面的定位分析，采用如图 6-14 所示的固定式钻模来加工工件。选定以端面ϕ68h6 短外圆柱面和工件上 N 面进行定位，工件安装后扳动手柄 8 借助圆偏心凸轮 9 的作用，通过拉杆3 与转动开口垫圈 2 夹紧工件，通过快换钻套 5 进行钻孔；加工完毕，反方向扳动手柄 8，拉杆 3 在弹簧 10 的作用下松开工件。

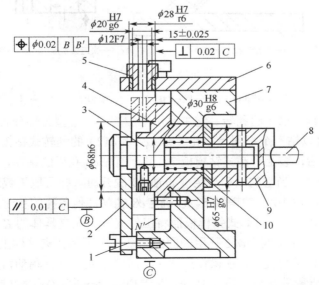

1—螺钉；2—转动开口垫圈；3—拉杆；4—定位法兰；5—快换钻套；6—钻模板；

7—夹具体；8—手柄；9—圆偏心凸轮；10—弹簧

图 6-14　钻孔夹具简图

6.2.2　必备知识和设计要点

钻床夹具的明显特点是设有引导钻头的钻套，钻套安装在钻模板上，习惯上将钻床夹具也称为钻模。

1．钻模的主要类型及选择

1）钻模的主要类型

钻模按工件的结构形状、大小和钻模的结构特点，可分为：固定式钻模、翻转式钻模、回转式钻模、盖板式钻模和滑柱式钻模等。

（1）固定式钻模。这类钻模多为大型钻模，如图 6-15 所示。它一般在立式钻床或摇臂钻床上使用，加工工件上较大的孔或轴线相互平行（用摇臂钻）的孔系，钻模需要固定在机床工作台上。

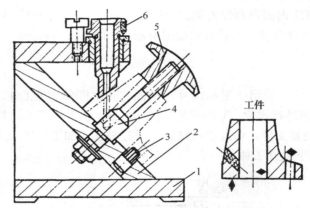

1—夹具体；2—平面支承；3—菱形销；4—圆柱销；5—快速夹紧螺母；6—特殊钻套

图 6-15　固定式钻模

（2）翻转式钻模。这类钻模的特点就是钻模不固定在钻床工作台上，而是根据待加工孔的位置使整个工件和夹具可以一起翻转，它主要用于加工中、小型工件分布在不同表面上的孔。

图 6-16 所示是可以钻三个不同尺寸孔（$\phi 8$、$\phi 6$ 和 $\phi 12$）的翻转式钻模，图中右下角是工序简图。把工件定位好后，装上可卸式钻模板 2，其上有钻 $\phi 8$ 孔用的钻模，还有转动垫圈 3，它可以绕支点螺钉 6 转动，当它的缺口与定位心轴 10 脱开时，即可取下或装上钻模板。将钻模板上的键槽对准定位心轴 10 上的销钉 5，以确定 $\phi 8$ 孔与其他各孔的相对位置，并防止钻模板误装。拧紧夹紧螺母 4，通过可卸式钻模板而将工件夹紧。在夹具体的 K 面、L 面上各有一个钻 $\phi 6$ 孔用的固定钻套；而钻四个 $\phi 12$ 孔用的固定钻套，则压装在夹具体上。

翻转式钻模是一种小型夹具，在操作过程中，需要用人工进行翻动，为了减轻工人的劳动强度，这类钻模的总质量最好不要超过 10kg，对于稍大一些的工件用翻转钻模时，必须设计专门的托架。支柱式钻模是这类钻模的典型结构之一，用于钻同方向上的孔系，结构特点是用四个支脚来支承钻模。

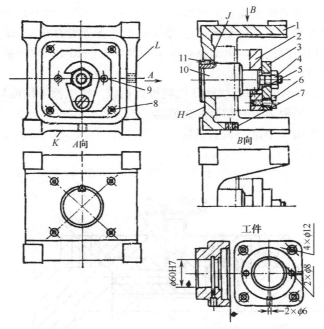

1—夹具体；2—钻模板；3—转动垫圈；4—夹紧螺母；5—销钉；6—支点螺钉；

7，8，9—固定钻套；10—定位心轴；11—固定销钉

图 6-16　翻转式钻模

（3）回转式钻模。回转式钻模的结构形式按其转轴的位置可分为立轴式、卧轴式和斜轴式三种。这类钻模的引导元件——钻套一般是固定不动的，为了实现工件在一次安装中进行多工位加工的目的，钻模一般采用回转式分度装置，如图 6-17 所示。

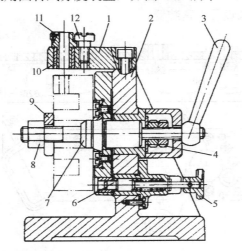

1—钻模板；2—夹具体；3—手柄；4—锁紧螺母；5—分度手柄；6—分度定位销；7—定位销轴；

8—螺母；9—开口垫圈；10—衬套；11—钻套；12—螺钉

图 6-17　回转式钻模

当工件上的几个被加工的孔是轴线互相平行的轴向孔或是分布在圆柱面上的径向孔时，使用回转式钻模是很方便的，既可以保证加工精度，又可以提高生产效率。

（4）盖板式钻模。这类钻模没有夹具体，盖板式钻模的钻模板是活动的盖板，它可以用定位销的形式在钻模体上确定其正确位置，也可以采用铰链连接的方式确定钻模板的正确位置。这种钻模适用于工件以下部定位，上部钻孔的中小型零件的加工。采用盖板式钻模的目的，主要是为了工件的装卸方便。

图 6-18 所示为加工箱体端面螺纹底孔的盖板式钻模。钻模板 4 端面与工件端面接触定位，控制三个自由度；在钻模板上装有钻套和内胀器，内胀器由滚花螺钉 2、钢球 3 和三个径向分布的滑柱 5 及锁圈 6 组成一个定心夹紧机构，与工件孔配合定心。锁圈 6 用来防止滑柱掉出。内胀器和钻模板用螺钉连接。

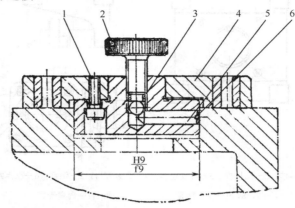

1—螺钉；2—滚花螺钉；3—钢球；4—钻模板；5—滑柱；6—锁圈

图 6-18　盖板式钻模（1）

图 6-19 所示为加工车床溜板箱 A 面上孔系的盖板式钻模。在钻模板 2 上装有钻套、圆柱销 1 和菱形销 3，还有三个支承钉 4 起到定位作用。因钻小孔，钻削力矩小，加上钻模板有一定的重量可压紧工件，故未设置夹紧装置。

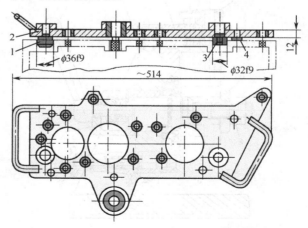

1—圆柱销；2—钻模板；3—菱形销；4—支承钉

图 6-19　盖板式钻模（2）

（5）滑柱式钻模。滑柱式钻模是一种标准化、规格化的通用钻模，如图 6-20 所示。钻模体可以通用于较大范围的不同工件。设计时，只需根据不同的加工对象设计相应的定位、夹紧元件。因此，可以简化设计工作。另外，这种钻模不需另行设计专门的夹紧装置，夹紧工件方便、迅速，适用于不同类型的各种中小型零件的孔加工，尤其是大批量生产中应用较广。

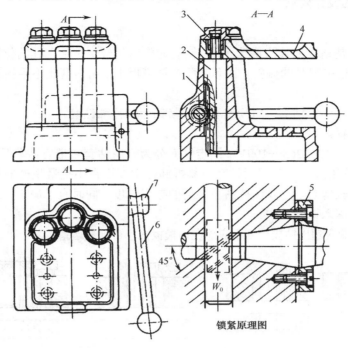

1—夹具体；2—齿条滑柱；3—锁紧螺母；4—滑动钻模板；5—环套；6—手柄；7—齿轮轴

图 6-20　滑柱式钻模

2）钻模类型的选择

在设计钻模时，首先需要根据工件的形状、尺寸、重量和加工要求，并考虑生产批量、工厂工艺装备的技术状况等具体条件来选择夹具的结构类型。在选择时，应注意以下几点。

（1）加工孔径大于 10mm 的中小型工件时，由于钻削扭矩大，宜采用固定式钻模。

（2）翻转式钻模适用于加工中小件分布在不同表面上的孔，且包括工件在内的总重量不宜大于 100N。否则，应采用具有回转式或直线分度装置的钻模，当分布在不同心圆周上的孔系，且总重量<150N 时，宜用回转式钻模。

（3）当加工几个不在同心圆周上的平行孔系时，如工件和夹具的总重量超过 150N，宜采用固定式钻模在摇臂钻床上加工。

（4）对于孔的垂直度和孔距精度要求不高的中小型工件，宜优先采用滑柱式钻模，以缩短夹具的设计周期。当孔的垂直度公差小于 0.1mm，孔距位置公差小于±0.15mm 时，如不采取特殊措施，一般不宜采用滑柱式钻模。

（5）若钻模板和夹具体为焊接结构的钻模，因焊接应力不能彻底消除，精度不能长期保持，故一般只在工件孔距公差要求不高（大于±0.15mm）时才采用。

（6）当工件被加工孔与定位基准的孔距公差小于 0.05mm 时，宜采用固定式钻模和固定式侧面进行加工。

（7）在大型工件上加工位于同一平面上的孔时，为简化夹具结构，可采用盖板式钻模。

2．钻床夹具的设计要点

1）钻套

钻套和钻模板是钻床夹具的特殊元件。钻套的作用是确定被加工孔的位置和引导刀具进行加工，防止加工过程中刀具的偏斜。钻套装配在钻模板上，用钻套比不用钻套可减小 50% 以上的加工误差。

钻套的类型包括固定钻套、可换钻套、快换钻套和特殊钻套。

（1）钻套的选择。

① 固定钻套（GB/T 2263—1991）。固定钻套分为无肩钻套和带肩钻套两种形式，如图 6-21（a），（b）所示。使用过程中磨损后钻套不易拆卸，主要用在小批量生产的只钻一次的孔。带肩钻套用在钻模板较薄时，用以保持钻套必需的导引长度，同时有了肩部，还可以防止钻模板上的切屑和冷却液落入钻套孔中。

固定钻套的下端应超出钻模板，不应缩在钻模板内，否则易堵塞，配合可选择 H7/n6、H7/r6。

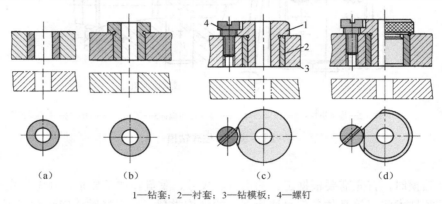

1—钻套；2—衬套；3—钻模板；4—螺钉

图 6-21　钻套

② 可换钻套（GB/T 2264—1991）。如图 6-21（c）所示，可换钻套用 H7/g5 或 H7/g6 的间隙配合压入衬套孔内，衬套外圆与钻模板底孔的配合采用 H7/n6 或 H7/r6 的过盈配合。为了防止钻套随刀具转动或被切屑顶出，常用螺钉固紧。可换钻套用于大批量生产中，由于钻套外圆与衬套内孔采用间隙配合的关系，其加工精度不如固定式钻套。

③ 快换钻套（GB/T 2265—1991）。在工件的一次装夹中，若顺序进行钻孔、扩孔、铰孔或攻丝等多个工步加工，需使用不同孔径的钻套来引导刀具，此时应使用快换钻套，如图 6-21（d）所示。其结构与上述②不同，不用完全松开固定螺钉便可更换。只要将钻套逆时针转动一下，从钻模板中取出，快换钻套更换迅速，它与衬套的配合采用 H7/g6 或 H6/g5 的间隙配合，适用于在一个工序中使用几种刀具（如钻、扩、铰）依次连续加工的情况，或用于加工多、更换不同孔径的钻套。

注意：从钻头尾端向尖端看，以钻头旋转方向为参照方向，钻套台阶位置始终在削边位置后面。

上述三种钻套已标准化，钻套结构尺寸如图 6-22 所示，可按 JB/T 8045.1～3—1999 进行设计。

④ 特殊钻套。适应于工件结构形状和被加工孔的位置特殊性，标准钻套不满足时用的钻

套，应视具体情况设计各种形式的特种钻套。常见的特殊钻套如图 6-23 所示，图 6-23（a），（b）所示是小孔距钻套，用于两孔间距较小的场合；图 6-23（c）所示为加长钻套，用于孔离钻模板较远的场合；图 6-23（d）所示为斜面钻套，用于斜面上钻孔的场合。

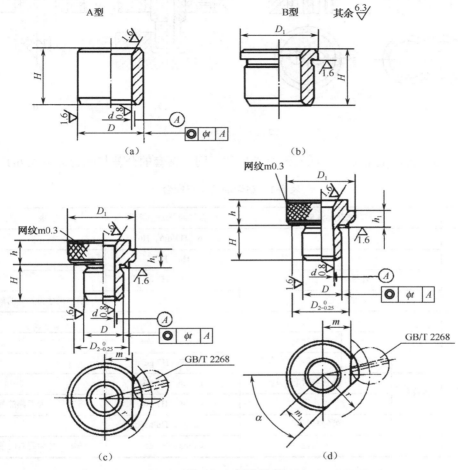

图 6-22　标准钻套

（2）钻套的设计参数选择。

① 钻套内径基本尺寸按以下内容进行确定。

- 钻套导引孔直径的基本尺寸应等于所导引刀具的最大极限尺寸。

- 因为由钻套导引的刀具都是钻头、扩孔钻、铰刀这一类定尺寸的刀具，其结构和尺寸都已标准化和规格化，所以钻套导引孔与刀具的配合应按基轴制来选定。

- 钻套导引孔与刀具之间应保证有一定的配合间隙，以防止两者发生卡住或咬死。一般根据所导引的刀具和加工精度要求来选取导引孔的公差带：钻和扩孔时选用 F7，粗铰时选用 G7，精铰时选用 G6。

- 由于标准钻头的最大尺寸都是所加工孔的基本尺寸，故钻头的导引孔就只需按孔的基本尺寸取公差带为 F7 即可。

- 如果钻套导引的不是刀具的切削部分，而是刀具的导柱部分，这时也可按基孔制的相应配合选取 H7/f7、H7/g6、H6/g5 等。

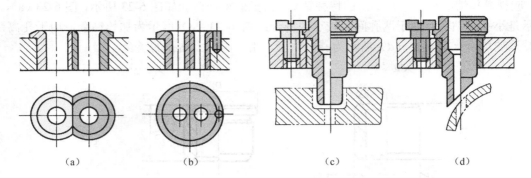

图 6-23　特殊钻套

综合上面分析，根据加工方法及配合部位的不同，钻套的公差与配合详见表 6-1。

表 6-1　钻套的公差与配合

钻套名称	加工方法及配合部位			配合种类及公差等级	备　注
衬套	外径与钻模板			H7/r6、H7/m6、H6/n5	
	内　径			H6、H7	
固定钻套	外径与钻模板			H7/r6、H7/n6	
	内　径			G7、F8	基本尺寸为刀具的最大尺寸
可换钻套及快换钻套	钻孔及扩孔	外径与衬套		H7/g6、H7/f7	
		钻孔及扩孔	刀具切削部分导向	F7/h6、　G7/h6	基本尺寸为刀具的最大尺寸
			刀柄或刀杆导向	H7/f7、H7/g6	
	粗铰孔	外径与衬套		H7/g6、H7/h6	
		内　径		G7/h6、H7/h6	基本尺寸为刀具的最大尺寸
	精铰孔	外径与衬套		H6/g5、H6/h5	
		内　径		G6/h5、H6/h5	基本尺寸为刀具的最大尺寸

② 钻套高度 H。钻套高度是指钻套与钻头接触部分的长度，可见图 6-22。

钻套高度太短，则引导性不好，降低引导精度；过长的话，则增加刀具与钻套之间的摩擦，加速刀具和钻套的磨损，降低使用寿命。钻套高度 H 与钻套孔径 d 的关系是：$H/d=1\sim2.5$，孔径 d 大时取小值，d 小时取大值；对于斜孔：$H/d=4\sim6$。

③ 钻套底部至工件表面间的距离（或排屑空间）h。h 是指钻套底部与工件表面之间的空间。钻削钢料时，如果 h 过小，带状切屑不能及时排出，因而堵塞在工件与钻套之间，当切屑过多时，会将钻套顶出，划伤工件表面，甚至折断钻头；但 h 过大的话，会使刀具的引偏量过大，降低加工精度。

对于铸铁类脆性材料工件：$h=(0.3\sim0.7)d$，d 小孔取小值；

对于钢类工件：$h=(0.7\sim1.5)d$，d 大孔取大值。

特殊情况：在斜面上钻孔时，h 取小值；孔位精度高时，$h=0$；钻 $L/d>5$ 的深孔时，$h=1.5d$。

④ 钻套材料。钻套材料性能要求高硬度、耐磨，常用材料有 T10A、T12A、CrMn 或 20 钢。钻套孔径与钻套材料的选择可参考表 6-2。

表6-2　钻套孔径与钻套材料的选择

钻套孔径 d/mm	材　料	热　处　理
≤10mm	CrMn	淬火：58～62 HRC
<25mm	T10A、T12A	淬火：58～64 HRC
≥25mm	20	渗碳淬火：58～64 HRC

2）钻模板

钻模板是用于安装钻套的板。钻模板通常装配在夹具体或支架上，或与夹具上的其他元件相连接。

（1）钻模板类型。按其与夹具体连接方式的不同可分为如下四种。

① 固定式钻模板。钻模板和夹具体或支架是用固定方法相连接的，一般采用两个圆锥销和螺钉装配连接，如图6-24所示，对于简单的结构也可采用整体的铸造或焊接结构。

固定式钻模板结构简单，制造方便，定位精度高，但有时装卸工件不便。

② 铰链式钻模板。当钻模板妨碍工件装卸等工作时，可用活动铰链把钻模板与夹具体相连接。钻模板可以绕铰链轴翻转，如图 6-25 所示。由于铰链轴与孔间的配合为基轴制间隙配合（G7/h6），所以它的精度不如固定式的钻模板高，但装卸工件方便。

③ 可卸式钻模板。钻模板与夹具体分开而成为一个独立的部分，工件在夹具中每装卸一次，钻模板也跟着装卸一次，如图 6-26 所示。当钻模板上设有定位元件和引导元件时，能保证被加工孔的位置精度；如果定位元件和引导元件做在夹具体上，则加工精度较低。这种钻模板装卸比较费事，一般多用于其他类型钻模板不便装卸工件的情况下。

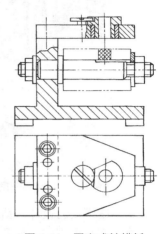

图 6-24　固定式钻模板

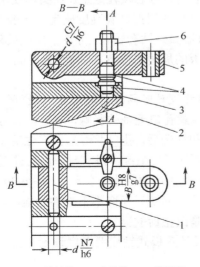

1—铰链销；2—夹具体；3—铰链座；
4—支承钉；5—钻模板；6—夹紧螺母

图 6-25　铰链式钻模板

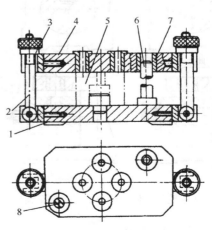

1—夹具体；2—活节螺栓；3—螺母；
4—可卸式钻模板；5—工件；6，8—导柱；7—导套

图 6-26　可卸式钻模板

④ 悬挂式钻模板。在立式钻床上采用多轴传动头进行平行孔系加工时，所用的钻模板就连接在传动箱上，现场使用情景如图 6-27 所示。悬挂式钻模板是与机床主轴箱相连接的，在图 6-28 中，钻模板 2 与夹具体的相对位置是通过夹具体上的两个导套 1 和与钻模板相连的两个滑柱 4 定位确定的。悬挂式钻模板随多轴传动头 5 上下升降，不需另设机构操纵，同时可利用悬挂式钻模板下降动作夹紧工件。悬挂式钻模板通常用在多轴传动头加工平行孔。

图 6-27　悬挂式钻模板现场图

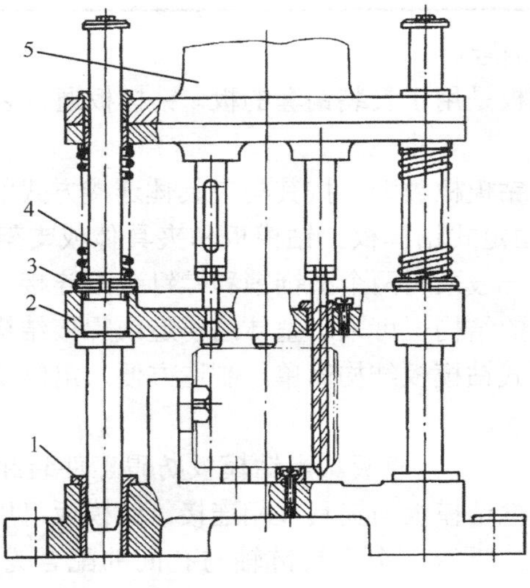

1—导套；2—钻模板；3—弹簧；4—滑柱；5—多轴传动头

图 6-28　悬挂式钻模板

（2）钻模板的设计。钻模板上安装钻套的孔精度（形状、尺寸和位置精度）直接与加工尺寸有关，应合理规定，如孔中心距的公差一般取工件相应公差的 1/5～1/3。

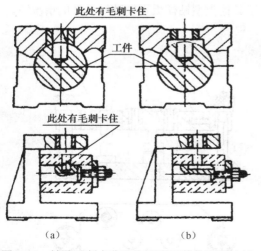

图 6-29　钻孔毛刺卡住而取不出工件的正误比较

钻模板应具有足够的刚度，以保证钻套位置的准确性，但也要考虑减轻重量。在实际使用中，钻模板的厚度往往根据钻套高度确定，一般在 15～30mm 之间。如果钻套较长，可将钻模板局部加厚，加强钻模板的周边和设置加强筋，以提高钻模板的刚性。

3）钻模设计时须注意的几个问题

（1）注意孔口毛刺的影响，取工件要方便。工件在起钻和钻透后，孔口两端都会产生毛刺，夹具设计者若不注意此情况，没有预留出让开毛刺的空隙，可能使加工后的工件取不下来。图 6-29（a）所示便是因毛刺的妨碍而取不下工件的情况，图 6-29（b）所示是改正后的夹具。

（2）设计盖板式钻模要考虑设置手把，以便于装卸，如图 6-30 所示。

应设置手把，便于装卸钻模

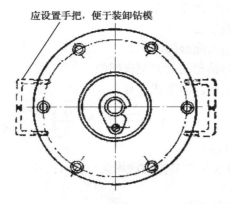

图 6-30　盖板式钻模要设置手把

（3）钻模支脚的设计。图 6-31 所示为钻模支脚的结构形式，其中图 6-31（a），（b）所示是整体式结构，图 6-31（a）所示是铸造结构，图 6-31（b）所示是焊接结构；图 6-31（c），（d）所示是装配式结构，图 6-31（c）所示是低支脚，图 6-31（d）所示是高支脚。

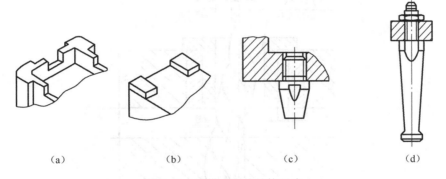

（a）　　　　　　（b）　　　　　　（c）　　　　　　（d）

图 6-31　钻模支脚的结构形式

支脚的尺寸应能防止钻模在工作台面上移动，它与工作台 T 形槽的关系如图 6-32 所示，装配式结构用的支脚已标准化（GB 2234—1991、GB 2235—1991）。

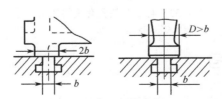

图 6-32　钻模支脚尺寸与工作台 T 形槽的关系

（4）夹具体。钻模的夹具体一般不设定位或导向装置，夹具通过夹具体底面安放在钻床工作台上，可直接用钻套找正并用压板压紧（或在夹具体上设置耳座用螺栓压紧）。

4）导向误差分析

用钻模加工时，被加工孔的位置精度主要受定位误差 Δ_D 和导向误差 Δ_T 的影响。钻模上的导向装置对定位元件的位置不准确，将导致刀具位置发生变化，由此而造成的加工尺寸误差 Δ_T 即为导向误差，如图 6-33 所示，主要包括：

e_1：快换钻套内、外圆的同轴度公差；

e_2：衬套内、外圆的同轴度公差；

x_1：快换钻套和衬套的最大配合间隙。

x_2：刀具（引导部位）与钻套的最大配合间隙。

x_3：刀具在钻套中的偏斜量，按下式计算

$$x_3 = \frac{x_2}{H}\left(B + h + \frac{H}{2}\right) \tag{6-5}$$

式中　H——钻套导向高度（mm）；

　　　h——钻套底部至工件表面间的距离或排屑空间（mm）；

　　　B——钻孔深度（mm）。

若 δ 为钻模板底孔轴线至定位元件的尺寸公差，将上述这些误差以随机误差变量按概率法求和，有

$$\Delta_T = \sqrt{\delta^2 + e_1^2 + e_2^2 + x_1^2 + (2x_3)^2} \tag{6-6}$$

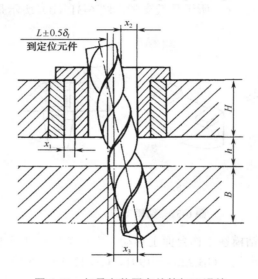

图 6-33　与导向装置有关的加工误差

6.2.3　课外分析与思考

图 6-34、图 6-35 所示为某企业的两套钻床夹具三维图，试分析这些夹具的设计特点。

【分析提示】：在图 6-34 中，打开盖板 4，放入工件，在定位元件 1、2 中定位，启动夹紧机构 3 实施夹紧，放下盖板 4，通过其前端的钻套进行钻孔。

在图 6-35 中，先拔出分度定位销 1，推动转盘 2 旋转 180°，把待加工的工件放在钻模板 3 的背面上定位、夹紧安置好，再使转盘 2 回位，移动钻头依次进入钻套 4，对零件底面进行钻孔；重复这样的过程，通过分度定位销 1 在转盘 2 定位上不同位置的孔中来回插入定位，就可实现对工件不同方位表面上的孔进行钻削。

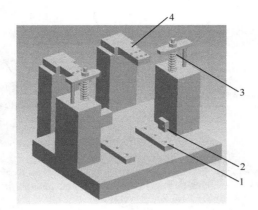

1，2—定位元件；3—夹紧机构；4—盖板

图 6-34 盖板式钻床夹具

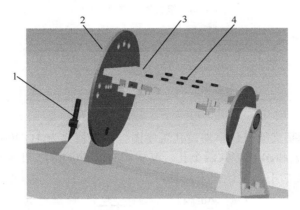

1—分度定位销；2—转盘；3—钻模板；4—钻套

图 6-35 翻转式钻床夹具

6.3 镗床夹具

镗床夹具主要用于加工箱体、支座等零件上的精密孔或孔系。通过布置镗套，可加工出较高精度要求的孔或孔系。与钻模相比，它们有相同之处，一般用镗套作为导向元件引导镗孔刀具或镗杆进行镗孔，镗套按照被加工孔或孔系的坐标位置布置在镗模支架上，但箱体孔系的加工精度一般要求较高，故镗床夹具的本身精度比钻床夹具高。

镗床夹具在工厂运用还是较多的，图 6-36 所示是某企业在组合镗床上加工泵体零件的夹具实物图。

1—工件；2—压板；3—镗模支架；4—内滚式镗套；5—浮动卡头；6—主轴；7—夹具体

图 6-36　组合镗床夹具实物图

6.3.1　设计引例

1．示例

图 6-37 所示的为某支架壳体零件镗孔工序图。工件材料为 HT200-250，中批量生产。现加工 2×ϕ20H7、ϕ35H7 和 ϕ40H7 共四个孔。其中 ϕ35H7 和 ϕ40H7 孔采用粗、精镗，2×ϕ20H7 孔采用钻、扩、铰方法加工，设计镗床夹具。

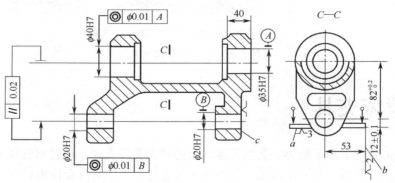

图 6-37　支架壳体零件镗孔工序图

2．技术分析

工件的装配基准为底面 a 及侧面 b。本工序所加工孔都为 IT7 级精度，同时有一些形位公差要求，孔距 $82^{+0.2}_{0}$ mm 应由镗模的制造精度保证。根据基准重合原则，定位基准选为 a、b、c 三个平面。

3．夹具简图

图 6-38 所示为支架壳体镗床夹具图。镗杆与机床主轴采用浮动连接，镗孔的位置精度取

决于镗套的位置精度。

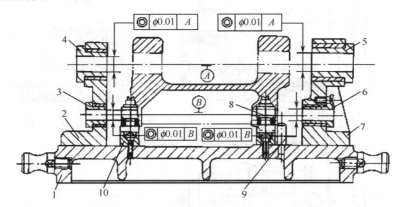

1—夹具体；2，7—镗模支架；3，6—小镗套；4，5—大镗套；8—压板；9—挡销；10—支承板

图 6-38　支架壳体镗床夹具

6.3.2　必备知识和设计要点

1．必备知识

镗床夹具主要由镗模底座、镗模支架、镗套、镗杆，以及必需的定位、夹紧装置组成。所以，镗套、镗杆和镗模支架是镗床夹具的特有元件，并由此决定着镗床夹具的结构特点和设计要点。

图 6-39 所示是加工磨床尾架孔用的镗模。工件以夹具体底座上的定位斜块 9 和支承板 11 作为主要定位元件。转动夹紧螺杆 6，便可将工件推向支承钉 3，并保证两者接触，以实现工件的轴向定位。工件的夹紧则是靠铰链压板 5，压板通过活节螺栓和螺母 7 来操纵。镗杆是由装在镗模支架 2 上的镗套 1 来导向的，镗模支架则用销钉和螺钉准确地固定在夹具体底座上。

1）镗套的结构形式

（1）固定式镗套。固定在镗模支架上而不能随镗杆一起转动，因此镗杆与镗套之间有相对运动，存在摩擦，如图 6-40 所示。A 型不带油杯和油槽，靠镗杆上开的油槽润滑；B 型则带油杯和油槽，使镗杆和镗套之间能充分地润滑，从而减小镗套的磨损。

固定式镗套的特点是：

① 外形尺寸小，结构紧凑；

② 制造简单；

③ 容易保证镗套中心位置的准确。

固定式镗套只适用于低速镗孔，否则镗杆与镗套间容易因相对运动发热过高而咬死，或者造成镗杆迅速磨损。

固定式镗套结构已标准化（GB/T 2266—1991），设计时可参阅相关手册。

（2）回转式镗套。如图 6-41 所示，回转式镗套随镗杆一起转动，镗杆与镗套之间只有相对移动而无相对转动，从而大大减小了镗套的磨损，也不会因摩擦发热而"卡死"，因此，它适合于高速镗孔。回转式镗套有滑动式和滚动式两种。

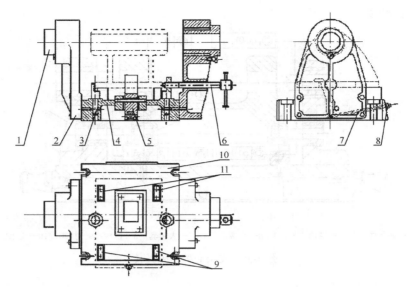

1—镗套；2—镗模支架；3—支承钉；4—夹具底座；5—铰链压板；6—夹紧螺杆；7—螺母；8—活节螺栓；

9—定位斜块；10—固定耳座；11—支承板

图 6-39　加工磨床尾架孔的镗床夹具

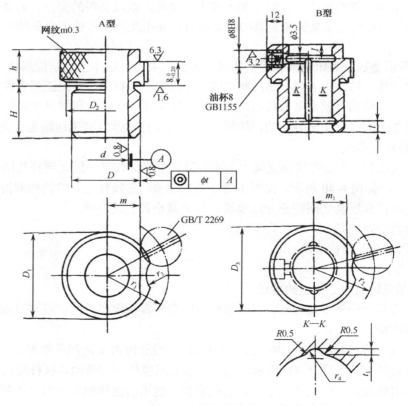

图 6-40　固定式镗套

① 滑动式镗套。图 6-41（a）所示就是滑动式镗套，镗套内孔带有键或键槽，以便由镗杆上的键槽或键带动镗套回转，镗套上还开有引刀槽，以便镗杆上的固定刀头通过。它与滚动式镗套相比，其特点是：

- 它的径向尺寸较小，因而适用于孔中心距较小而孔径很大的孔系加工。
- 减振性较好，有利于降低被镗孔的表面粗糙度。
- 承载能力比滚动镗套大。
- 若润滑不够充分，或镗杆的径向切削负荷不均衡，则易使镗套和轴承咬死。
- 工作速度不能过高。

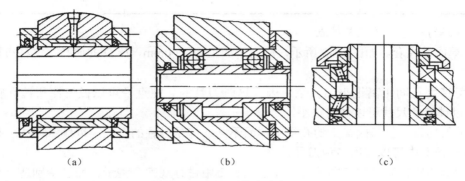

(a)　　　　　　　　(b)　　　　　　　　(c)

图 6-41　回转式镗套

② 滚动式镗套。图 6-41（b）所示就是滚动式镗套，镗套由两个向心推力球轴承支承，轴承安装在镗模支架的轴承孔内，孔的两端分别用轴承盖封住。滚动式镗套特点是：

- 采用滚动轴承（标准件），使设计、制造、维修都简化方便。
- 采用滚动轴承结构，润滑要求比滑动镗套低。
- 采用向心推力球轴承的结构，可按需要调整径向、轴向间隙，还可用使轴承预加载荷的方法来提高轴承刚度。
- 结构尺寸较大，不适用于孔心距很小的镗模。
- 镗杆转速可以很高，但其回转精度受滚动轴承本身精度的限制，一般比滑动模套要略低一些。

根据回转部分安装位置的不同，滚动式镗套又分为：内滚式和外滚式，图 6-42 所示是在同一根镗杆上采用两种回转式镗套的结构，图中标 a 的部分为内滚式镗套，标 b 的部分为外滚式镗套。

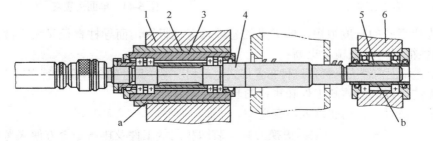

1，6—导向支架；2，5—镗套；3—导向滑动套；4—镗杆

图 6-42　回转式镗套

立式镗孔用的回转镗套见图 6-41（c）。因其工作条件差，为避免切屑和切削液落入镗套，需要设置防护罩。为承受镗削时的轴向力作用，一般采用圆锥滚子轴承。

针对以上三种类型的镗套，综合比较见表 6-3。

表 6-3　三种镗套的综合比较

镗套类型	适应转速	承载能力	径向尺寸	加工精度	润滑要求	适用场合
固定式镗套	低	较大	小	较高	较高	低速、一般镗孔
滑动式镗套	低	大	较小	高	高	低速、孔距小
滚动式镗套	高	低	大	低	低	高速、孔距大

2）镗套的布置形式及其特点

（1）单面前镗套。如图 6-43 所示，适用于加工 $D > 60\text{mm}$，$l < D$ 的通孔。这种布置形式的优点为：

① 可镗削孔间距离很小的孔系，因为这时刀具的导柱直径可以做得比所镗孔径小，即 $d < D$，所以镗套的尺寸可以做得很小。

② 刀具的直径虽然因加工的孔径不同而不同，但是导柱的直径可以统一为同一尺寸，因此，在同一镗套中可以使用多种刀具。

③ 镗套布置在刀具加工的前方，便于在加工中进行观察和测量，而且特别适合需要锪平面或攻丝的工序。

这种布置形式也存在一些缺点：

① 由于刀具前端多了一段导柱，因此装卸工件时刀具引进和退出的行程增长了。

② 若用于立镗时，则加工时的切屑易落于镗套，造成导柱和镗套的过早磨损或发热咬死。

设计参数：$h = (0.5 \sim 1)D$，$h \geqslant 20\text{mm}$，$H = (1.5 \sim 3)d$。

（2）单面后镗套。如图 6-44 所示，用于 $D < 60\text{mm}$ 的通孔、盲孔。这种布置形式的优点为：

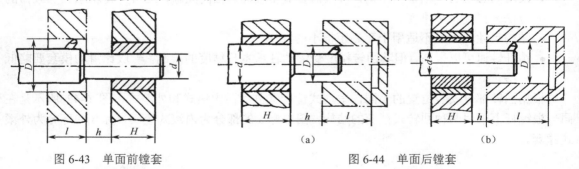

图 6-43　单面前镗套　　　　　　图 6-44　单面后镗套

① 因为所镗孔的长度很短，即刀具的悬伸长度也很短，而导柱直径又大于被镗孔径，所以刀具的刚性很好，加工精度也高。

② 与上述单面前镗套一样，这种布置形式也可利用同一尺寸的后镗套进行多工步的加工。

③ 因无前导柱，故装卸工件和更换刀具均较方便。

④ 用于立镗时，无切屑落入镗套之虑。

设计参数：h 值的大小应根据更换刀具、装卸和测量工件及排屑是否方便来考虑。在卧式镗床上镗孔时，一般取 $h = 60 \sim 100\text{mm}$。

根据 l/D 的比值大小，有两种应用情况：

- 当 $l<D$ 时，采用图 6-44（a）所示的结构，导向柱直径 d 大于工件孔径 D，以便镗刀穿过，镗杆的刚性较好。
- 当 $l>D$ 时，采用图 6-44（b）所示的结构，可以使导向柱伸入孔内，减少镗杆的悬伸量。

（3）双面单镗套，如图 6-45 所示。

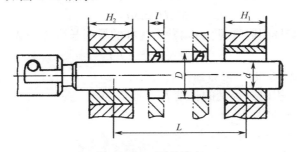

图 6-45　双面单镗套

设计双面单镗套的导引方式时，应注意下列几点：

① 若工件上前后孔相距较远，即 $L>10d$（d 为镗杆直径）时则在镗模上应增设中间导引支承。

② 由于镗模的前后镗套已经确定镗杆的位置，因此镗杆与机床主轴不可用刚性连接，而只能用浮动连接。

③ 在镗削同一轴线上孔径相同的孔系时，应考虑设置使工件相对镗杆能偏移或升降的机构，以便使刀具能通过，如图 6-46 所示。此时，工件所必需的最小让刀偏移量 $h_{\min}$ 为

$$h_{\min} = \Delta + S_1 \tag{6-7}$$

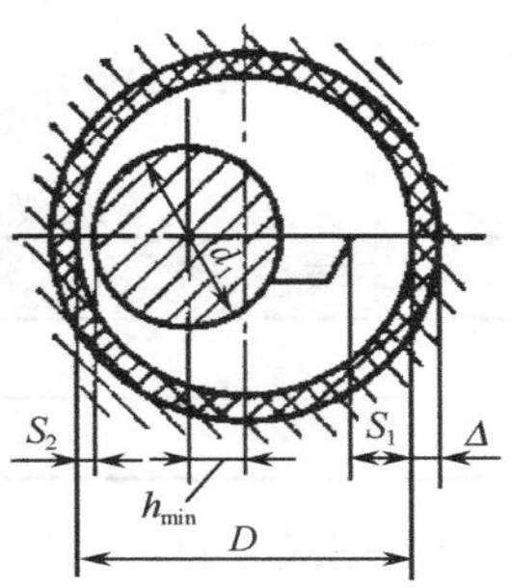

图 6-46　为使镗杆通过工件所必需的最小让刀偏移量

式中　Δ——孔的单边余量；

S_1——镗刀刀尖通过毛坯孔时所必需的间隙。

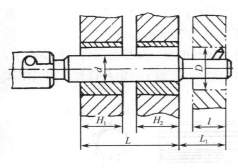

图 6-47　单面双镗套

（4）单面双镗套，如图 6-47 所示。镗杆与机床主轴进行浮动连接，可消除机床对加工精度的影响，装卸工件方便，在大批量生产中应用较多。

为了保证导向精度，在设计时，导向长度：$L>(0.5\sim 5)l$；镗套宽度：$H_1=H_2=(1\sim 2)d$。为保证镗杆刚度，镗杆的悬伸量 $L_1<5d$。

对此，按导向支架的布置形式，镗床夹具可分为双支承镗模、单支承镗模和无支承镗模等类型，设计时可查阅有关手册。

当工件在刚性好、精度高的坐标镗床、加工中心或金刚镗床上镗孔时，夹具不设置镗套，被加工孔的尺寸精度和位置精度由机床精度保证。

2．镗床夹具的设计要点

1）镗套的设计

镗套的内径是由镗杆的导引部分直径决定的。镗套的长度则与镗套的布置形式和镗杆伸出

长度有关，一般可按下列原则选用：

（1）镗套的尺寸。

① 采用单面单镗套导引时，镗套的长度 H 一般可取 $H=(1.5\sim3)d$（d 为镗杆的导引部分直径），当孔的加工精度和孔心距精度要求较高时，则可取

$$H>2.5d$$

② 采用单面双镗套导引时（见图 6-47），镗杆的导引长度 L 应为

$$L>(1.5\sim5)L_1$$

式中　L_1——镗杆的悬伸长度。

③ 在双面单镗套导引时，镗套的长度 H 一般取为

固定镗套：$H=(1.5\sim2)d$；

滑动镗套：$H=(1.5\sim3)d$；

滚动镗套：$H=0.75d$。

镗杆与镗套、镗套与衬套、衬套与镗模支架的常用配合种类和公差等级列入表 6-4 中，供设计时参考。

表 6-4　镗套的公差与配合

加 工 方 法	镗杆与镗套	镗套与衬套	衬套与镗模支架
粗　镗	H7/h6、H7/g6	H7/h6、H7/g6	H7/n6、H7/s6
精　镗	H6/h5、H76/g5	H6/h5、H76/g5	H7/n6、H7/r6

（2）镗套的材料。镗套的材料常用 20 钢或 20Cr 钢渗碳，渗碳深度为 0.8～1.2mm，淬火硬度为 55～60HRC。

2）镗杆的设计

（1）镗杆导引部分的结构。镗杆导引部分的结构如图 6-48 所示。图 6-48（a）所示是有开油槽的圆柱引导，这种结构最简单，但与镗套接触面大，润滑不好，加工时又很难避免切屑进入引导部分，常容易发生"咬死"现象。

图 6-48（b），（c）所示是开有直槽和螺旋槽的引导。它与镗套的接触面小，沟槽又可以容屑，情况比图 6-48（a）所示要好，但一般切削速度仍不宜超过 20m/min。

图 6-48（d）所示是镶滑块的引导结构。由于它与导套接触面小，而且用铜块时的摩擦小，其使用速度可高一些，但滑块磨损较快。采用钢滑块可比铜滑块磨损小，但与镗套摩擦又增加了。滑块磨损后，可在滑块下加垫，再将外圆修磨。

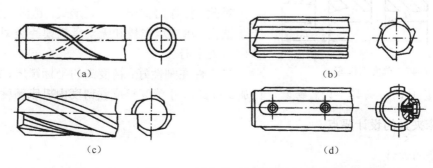

（a）　　　　　　　　　　　（b）

（c）　　　　　　　　　　　（d）

图 6-48　镗杆导引部分结构

（2）镗杆的尺寸。确定镗杆直径时，应考虑到镗杆的刚度和镗孔时应有的容屑空间，可查表 6-5，也可按经验选取

$$d=（0.6\sim0.8）D \tag{6-8}$$

式中　d——镗杆的直径；

　　　D——镗孔直径。

表 6-5　镗孔直径 D、镗杆直径 d 与镗刀截面 B×B 的尺寸关系

D/mm	d/mm	$B\times B/$（mm×mm）
30～40	30～40	8×8
40～50	40～50	10×10
50～70	50～70	12×12
70 — 90	70 — 90	16×16
90～100	90～100	16×16，20×20

注：镗杆直径的范围，在加工小孔时取大值，在加工大孔时一般取中间值；若导向良好，切削负荷小，则可取小值，若导向不良，切削负荷大则可取大值。

（3）镗杆的材料。镗杆要求表面硬度高而内部韧性好，常用 20 钢、20Cr 钢，渗碳淬火硬度为 61～63HRC。大直径的镗杆还可采用 45 钢、40Cr 钢或 65Mn 钢。

3）浮动接头

当用双支承镗模镗孔时，镗杆通过浮动接头与机床主轴浮动连接，图 6-49 所示为连接镗杆与机床主轴的浮动接头。

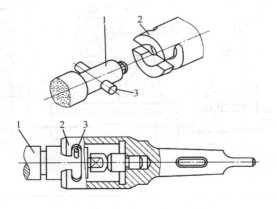

1—镗杆；2—接头体；3—拨动销

图 6-49　浮动接头

4）镗模支架

镗模支架主要用来安装镗套和承受切削力，要求有足够的刚性和稳定性，在结构上一般要有较大的安装基面和设置必要的加强筋。而且支架上不允许安装夹紧机构和承受夹紧反力，以免支架变形而破坏精度。图 6-50（a）所示为加工某尾架孔的镗床夹具示意图，在图 6-50（b）中清晰地表示了镗模支架（左、右各一个）的外形结构，以及与夹具体之间的连接。

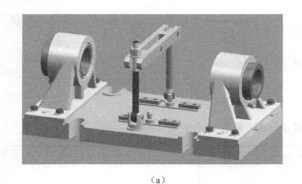　　　　

　　　　　　（a）　　　　　　　　　　　　　　　　　　（b）

图 6-50　镗模支架与夹具体之间的连接示意图

　　镗模支架和夹具体底座为铸铁，常分开制造，这样便于加工、装配和时效处理。它们要有足够的强度和刚度，以保证加工过程的稳定性。尽量避免采用焊接结构，宜采用螺钉和销钉刚性连接。在底座面对操作者一侧应加工有一窄长平面，以便将镗模安装于工作台上时作为找正基面。底座上应设置适当数目的耳座，以保证镗模在机床工作台上安装牢固可靠。还应有起吊环，以便于搬运。

　　镗模支架的典型结构和尺寸可参见表 6-6，或查阅有关设计手册。

表 6-6　镗模支架典型结构和尺寸

mm

型式	B	L	H	S_1、S_2	l	a	b	c	d	e	h	k
I	$\left(\dfrac{1}{2}\sim\dfrac{3}{5}\right)H$	$\left(\dfrac{1}{3}\sim\dfrac{1}{2}\right)H$	按工件相应尺寸取		按镗套相应尺寸取	10～20	15～25	30～40	3～5	20～30	20～30	3～5
II	$\left(\dfrac{2}{3}\sim1\right)H$	$\left(\dfrac{1}{2}\sim\dfrac{2}{3}\right)H$										

　　5）镗模底座

　　镗模底座与其他夹具体相比要高，且内腔设有田字格形加强筋。底座的典型结构和尺寸见表 6-7，或参阅有关设计手册。

表 6-7　镗模底座典型结构和尺寸

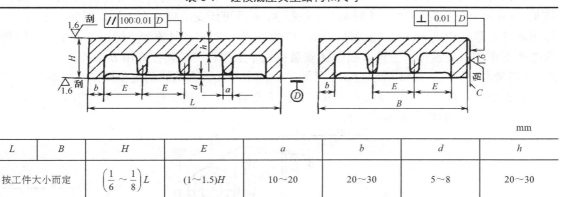

mm

L	B	H	E	a	b	d	h
按工件大小而定	$\left(\dfrac{1}{6} \sim \dfrac{1}{8}\right)L$	$(1\sim1.5)H$	$10\sim20$	$20\sim30$	$5\sim8$	$20\sim30$

设计时，还须注意下面几点：

（1）在镗模底座上应设置供安装找正用的基面 C（见表 6-7 附图），供安装找正用。

（2）镗模重量一般都很重，为便于吊装，应在底座上设置供起吊用的吊环螺钉或起重螺栓。

（3）镗模底座的上平面应按所要安装的各元件位置，做出相配合的凸台表面，其凸出高度为 3～5mm，以减少刮研的工作量。

镗模底座材料一般用灰铸铁，牌号为 HT200-400。在毛坯铸造后和粗加工后，都需要进行时效处理。

6.3.3　课外分析与思考

【思考题 1】：图 6-51 所示为镗削车床尾架孔的工件定位简图，图 6-52 所示为该工序双支承镗模结构简图，试分析该夹具的结构特点（定位、夹紧和支承情况）。

图 6-51　工件定位简图

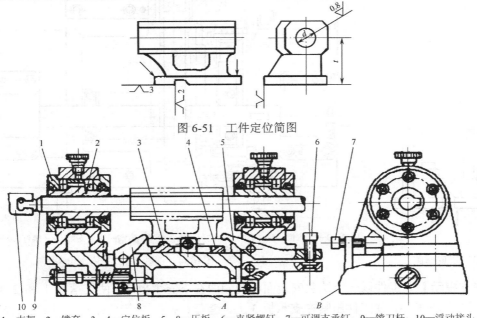

1—支架；2—镗套；3，4—定位板；5，8—压板；6—夹紧螺钉；7—可调支承钉；9—镗刀杆；10—浮动接头

图 6-52　车床尾架孔的镗模简图

【分析提示】：镗模的两个支承分别设置在刀具的前方和后方，镗刀杆 9 和主轴通过浮动接头 10 连接。工件以底面槽及侧面在定位板 3、4 及可调支承钉 7 上定位，限制六个自由度，采用联动夹紧机构夹紧，拧紧夹紧螺钉 6，压板 5、8 同时将工件夹紧。镗模支架 1 上用回转镗套 2 来支承和引导镗杆。镗模以底面 A 安装在机床工作台上，其位置用 B 面找正。

【思考题 2】：图 6-53 所示为加工某泵体上两个相互垂直的孔的定位简图，图 6-54 所示为该镗孔夹具，夹具经找正后安装在卧式镗床的工作台上，可随工作台一起移动和转动，说明夹具上 1～9 各元件的作用及操作过程。

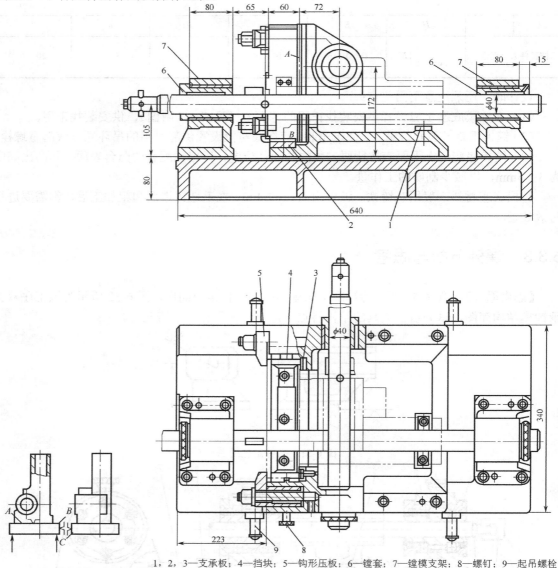

1，2，3—支承板；4—挡块；5—钩形压板；6—镗套；7—镗模支架；8—螺钉；9—起吊螺栓

图 6-53　定位简图　　　　　　　　　　图 6-54　镗孔夹具

【操作提示】：工件以一个法兰安装面和两侧面在下支承板 3、两支承板 1 和 2 上定位，通过旋转钩形压板 5，使工件压紧在支承板 3 上，镗套 6 装在镗模支架 7 上。该夹具结构简单，如能将后支承板 1 改成可调的辅助支承就更好了。

6.4　铣床夹具

铣床夹具主要用于加工零件上的平面、沟槽、缺口、花键及成形表面等，铣床夹具包括用在各种铣床、平面磨床上的夹具，工件安装在夹具上随同机床工作台一起做进给运动，在机械工厂的使用情况如 6-55 所示。铣床夹具与其他机床夹具的重要区别在于：它通过定向键在机床上定位，用对刀装置决定刀具相对于夹具的位置。

1—铣刀；2—机床；3—夹具

图 6-55　现场使用的铣床夹具

6.4.1　设计引例

1．示例

图 6-56 所示为杠杆类零件简图。工件材料为铸铁，形状不规则，成批生产，现对图中 A 向视图中的两斜面（夹角成 138°18′）进行铣削加工，试设计铣床夹具。

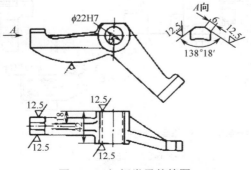

图 6-56　杠杆类零件简图

2．技术分析

工件以精加工过的孔ϕ22H7 控制两个自由度，孔端面控制三个自由度，杠杆臂下圆弧面控制一个自由度，即工件的转动自由度，从而实现工件的完全定位。沿ϕ22H7孔端面进行夹紧。

3. 夹具简图

图6-57所示为铣斜面夹具图。工件以孔ϕ22H7和端面在台肩定位销9上定位，以圆弧面在可调支承6上定位，从而限制工件的六个自由度。

工件的夹紧以钩形压板10为主，其结构见A—A剖面图，另在接近加工表面处采用浮动的辅助夹紧机构，当拧紧该机构的螺母时，卡爪2和3相向移动，同时将工件夹紧。在卡爪3的末端开有三条轴向槽，形成三片簧瓣，继续拧紧螺母，锥套5即迫使簧瓣胀开，使其锁紧在夹具中，从而增强夹紧刚度，以免铣削时产生振动。

夹具体的底面放置在铣床工作台面上，夹具的两个定向键8安装在工作台T形槽内，这样铣夹具与铣床保持了正确的位置。因此铣夹具底面和定向键8的工作面是铣夹具与铣床的接合面。该夹具定位销9的轴心线应垂直于定向键的立面，定位销9的台肩平面应垂直于夹具体的底面，它们的精度均影响夹具的安装误差。

由于加工表面形状特殊，因此设计了非标准对刀块7，如K向视图所示。对刀块的位置体现了刀具的位置，因此对刀块与定位元件的精度是影响调整误差的因素。该夹具中对刀块7与定位销9的轴心线的距离（18±0.1）mm、（3±0.1）mm即是影响调整误差的因素。

定位元件的精度即ϕ22g6、（36±0.1）mm等尺寸是影响定位误差的因素。

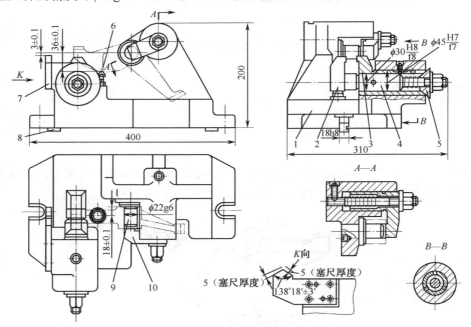

1—夹具体；2，3—卡爪；4—连接杆；5—锥套；6—可调支承；7—对刀块；8—定向键；9—定位销；10—压板

图6-57 铣斜面夹具

6.4.2　必备知识和设计要点

1．铣床夹具的主要类型

由于铣削加工通常是夹具随工作台一起做进给运动，按进给方式不同铣床夹具可分为直线进给式、圆周进给式和靠模仿形式三种类型。

1）直线进给式铣床夹具

该类铣床夹具应用得较多，夹具安装在铣床工作台上，加工中随工作台按直线进给方式运动。根据工件质量、结构及生产批量，将夹具设计成单件多点、多件平行和多件连续依次夹紧的联动方式，有时还要采用分度机构，均为了提高生产效率。

（1）单件加工的铣床夹具。图 6-58 所示为在卧式铣床上加工一轴端槽的夹具图，盘形铣刀固定在刀轴上旋转，工作台带动夹具沿直线方向进给，单工位加工。工件以外圆柱面与长 V 形块 5 接触定位，控制四个自由度，工件下端面与小支承板 3 接触，控制一个移动自由度。转动手柄带动偏心轮 4 回转，使活动 V 形块移动，夹紧和松开工件。对刀块 6 确定铣刀位置及方向。

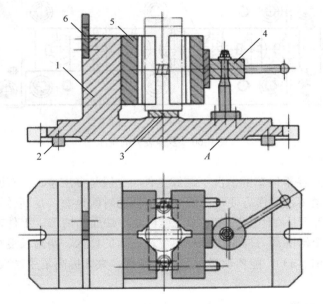

1—夹具体；2—定向键；3—支承板；4—偏心轮；5—V 形块；6—对刀块

图 6-58　轴端槽铣床夹具简图

（2）双工位装夹的铣床夹具。如图 6-59 所示为双工位直线进给式铣床夹具，铣削加工中夹具随铣床工作台做直线进给运动。两套夹具 2、4 安装在双工位转台 3 上，当夹具 4 工作时，可以在夹具 2 上装卸工件。夹具 4 上的工件加工完毕，可将工作台 1 退出，然后将工位转台转180°，这样可以对夹具 2 上的工件进行加工，同时在夹具 4 上装卸工件。

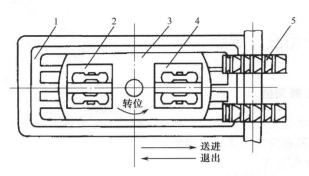

1—工作台；2，4—夹具；3—双工位转位；5—铣刀

图 6-59　双工位直线进给式铣床夹具

（3）多件装夹的铣床夹具。图 6-60 所示是在圆柱传动轴端面上铣槽的多件装夹的铣床夹具。将工件分别插入 V 形块后，用压紧螺钉压紧就可达到多件夹紧的目的。由于采用了多件装夹铣削，除了多件一次装夹的工时比每个工件单独装夹工时之和可减少以外，还减少了铣削单个工件的切入、切出行程时间，因而提高了生产率。

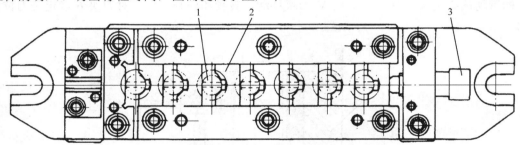

1—工件；2—V 形块；3—压紧螺钉

图 6-60　多件装夹的铣床夹具

2）圆周进给式铣床夹具

圆周进给铣削方式在不停车的情况下装卸工件，一般是多工位，在有回转工作台的铣床上使用。这种夹具结构紧凑，操作方便，机动时间与辅助时间重叠，是高效铣床夹具，适用于大批量生产。图 6-61 所示是在组合铣床上加工连杆零件端面的情形，工件在夹具上定位好后，采用气动夹紧，一个个沿圆周方向紧凑排列，使端铣刀的切入、切出长度相重合，专用机床有两个主轴头（见图 6-61（a）），能依次进行粗铣和精铣，大大提高了生产效率。图 6-61（b）所示为加工现场图。

3）靠模仿形式铣床夹具

靠模铣床夹具用于加工成形表面。靠模夹具的作用是使主进给运动和由靠模获得的辅助运动合成加工所需的仿形运动，采用靠模夹具可在万能铣床上加工出所需的成形面。靠模铣床夹具可分为直线进给式和圆周进给式两种。

（1）直线进给式靠模铣床夹具。图 6-62 所示为直线进给式靠模铣床夹具示意图。靠模 3 与工件 1 分别装在夹具上，夹具安装在铣床工作台上，滚子滑座 5 和铣刀滑座 6 两者连为一体，且保持两者轴线间距离 k 不变。该滑座组合件在重锤或弹簧拉力 F 的作用下，使滚子 4 压紧在靠模上，铣刀 2 则保持与工件接触。当工作台做纵向直线进给时，滑座即获得一横向辅助运动，使铣刀仿照靠模的轮廓在工件上铣出所需的形状。这种加工一般在靠模铣床上进行。

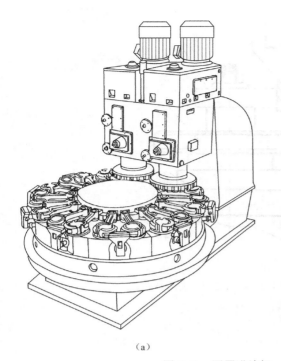

（a）　　　　　　　　　　　　　　　　（b）

图 6-61　圆周进给粗、精铣连杆端面夹具

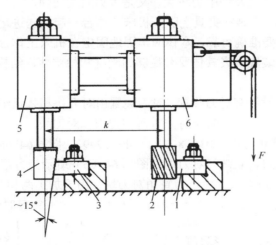

1—工件；2—铣刀；3—靠模；4—滚子；5—滚子滑座；6—铣刀滑座

图 6-62　直线进给式靠模铣床夹具

（2）圆周进给式靠模铣床夹具。图 6-63 所示为圆周进给式靠模铣床夹具示意图。夹具装在回转工作台 3 上，回转工作台又装在滑座 4 上。滑座受重锤或弹簧拉力的作用而使靠模 2 与滚子 5 保持紧密接触。滚子 5 与铣刀 6 不同轴，两轴相距为 k。当转台带动工件回转时，滑座也带动工件沿导轨相对于刀具做径向辅助运动，从而加工出与靠模外形相仿的成形面。

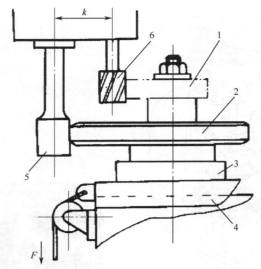

1—工件；2—靠模；3—回转工作台；4—滑座；5—滚子；6—铣刀

图 6-63 圆周进给式靠模铣床夹具

2. 铣床夹具的设计要点

由于铣削加工切削用量及切削力较大，又是多刃断续切削，加工时易产生振动，因此设计铣床夹具时应注意：工件安装在夹具上随同机床工作台一起做送进运动；夹紧力要足够且反行程要自锁；夹具的安装要准确可靠，本体应牢固地固定在机床工作台上；工件安装应迅速，要正确使用定向键、对刀装置；夹具体要有足够的刚度和稳定性，结构要合理。

1）对刀装置

铣床夹具上一般都设计有对刀装置，对刀装置由对刀块和塞尺组成。对刀块用来确定夹具和刀具的相对位置，塞尺是为了防止对刀时碰伤刀刃和对刀块。

图 6-64 所示为标准对刀块（JB/T 8031.1～4—1999），图 6-64（a）所示为圆形对刀块，用于加工平面，供圆柱铣刀、立铣刀对刀用；图 6-64（b）所示为方形对刀块，供盘状两面刃、三面刃铣刀对刀用；图 6-64（c）所示为直角对刀块，用于加工两相互垂直面或铣槽时的对刀；图 6-64（d）所示为侧装对刀块，也用于加工两相互垂直面或铣槽时的对刀。

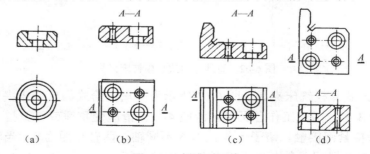

（a）　　　　（b）　　　　（c）　　　　（d）

图 6-64 标准对刀块

对刀块通常用两销钉和螺钉装配在夹具体上，其位置应便于对刀和不妨碍工件的装卸及加工，并且应使对刀块的工作表面与被加工工件的加工面相差所用塞尺的厚度。对刀块的工作表面与定位元件之间应有一定的位置精度要求。采用对刀装置进行对刀调整时，加工精度不超过

IT8 级。当加工精度要求较高或不便于设置对刀块时，可采用试切法、标准件对刀法或者用百分表来校正刀具相对于定位元件的位置。

标准塞尺有平塞尺和圆柱形塞尺两种，如图 6-65（a），（b）所示。图 6-65（a）所示为平面塞尺，厚度 s 常用 1mm、3mm、5mm；图 6-65（b）所示为圆柱塞尺，d 常用 3mm、5mm，制造公差 h6。

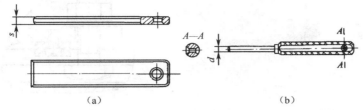

（a）　　　　　　　　　　　　　　　　（b）

图 6-65　标准塞尺

使用时，将塞尺塞入刀具与对刀块之间，根据接触的松紧程度来确定刀具相对于夹具的最终位置。如图 6-66 所示为几种常见的对刀装置使用简图。

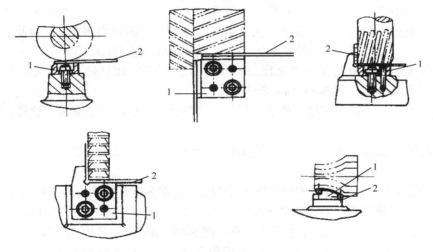

1—对刀块；2—塞尺

图 6-66　对刀装置使用简图

塞尺均已标准化（GB/T 2244～2245—1991），设计时可查阅相关手册。使用时，夹具总图上应标明塞尺尺寸及对刀块工作表面与定位元件之间的位置，对刀装置应设置在便于对刀而且是工件切入的一端。

对刀块一般制成单独元件，采用销钉定位螺钉连接的方式固定在夹具体上。如与工件加工面在高度方向上的落差太大，可将对刀块先安装在对刀块底座上，再将底座固定在夹具体上，如图 6-67 所示。

2）定向键

铣床夹具在铣床上的定位一般是通过两个定向键与铣床工作台的 T 形槽配合来实现的，如图 6-68 所示。定向键的主要作用是使夹具上定位元件的工作表面相对铣床工作台的进给方向具有正确的位置关系，同时还可以承受部分切削力矩，以减轻夹具体与工作台连接用螺栓的负荷，增强夹具在加工过程中的稳定性。

对于大型夹具或定向精度要求很高时，不宜采用定位键，而是在夹具体上加工出一窄长平面作为找正基面，来校正夹具的安装位置。

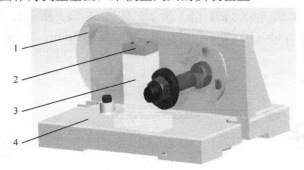

1—工件；2—对刀块；3—对刀块底座；4—夹具体

图 6-67　对刀块及其底座

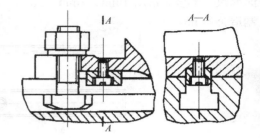

图 6-68　定向键及其连接

3）夹具体设计

铣削时切削力较大，而且振动也很大，因此，夹具要有足够的刚度与强度，铣床夹具的结构形式在很大程度上取决于定位元件、夹紧装置及其他元件的结构和布置。对此，设计时应注意下面几点。

（1）夹具体的高度 H 与宽度 B 之比：$H/B \leqslant 1 \sim 1.25$ 为宜，以降低夹具重心，使工件加工表面尽量靠近工作台面，如图 6-69（a）所示。

（2）工件上待加工表面应尽可能靠近工作台，使夹具高度尽可能降低。这样，使夹具更稳固，并能减小振动。

（3）铣削时要注意铣削力的方向，使铣削力一般应由夹具体来承受，而不应直接对着夹紧元件作用。

（4）为了便于把铣床夹具紧固在铣床工作台上，通常在夹具体纵向两端底边上设有带 U 形槽的耳座，供 T 形槽用螺栓通过并紧固用，如图 6-69（b）～（d）所示，图 6-69（b）所示是台阶式耳座，图 6-69（c）所示是凸出式耳座，图 6-69（d）所示是内凹式耳座。

（5）对重型铣床夹具，夹具体两端还应设置吊装孔或吊环等以便搬运。

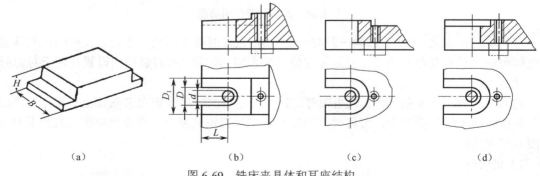

（a）　　　　　（b）　　　　　（c）　　　　　（d）

图 6-69　铣床夹具体和耳座结构

此外，在设计铣床夹具时，根据生产批量的要求，采用多件、多工位、气动、液动及气-液增压机构夹紧是提高夹具工作效率的有效方法。

6.4.3　课外分析与思考

【思考题 1】：工件为水泵叶轮，中批生产，试设计一副铣床夹具，用在卧式铣床上加工两条互成 90° 的十字槽，如图 6-70 所示，要求槽对叶轮轴线的对称度公差为 0.2mm。

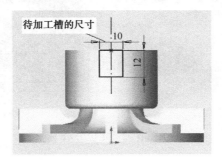

图 6-70　叶轮加工部位示意图

1．定位分析

1）确定要限制的自由度

根据加工工序的尺寸、形状和位置精度要求，工件定位时需完全限制六个方向的自由度，即沿 X、Y、Z 方向的水平运动以及轴向转动。

2）确定定位方案

将加工过的叶轮底面放置在一个大的圆形定位盘上，以大平面定位，消除 X、Y 方向的转动自由度和 Z 方向的移动自由度，见图 6-71（a）。用一个定位销与叶轮上的孔相配合，以此消除 X、Y 方向的移动自由度。利用两块开槽的压板从两个方向卡住叶片，并将它们固定在定位盘上，这样就消除了 Z 方向的转动自由度，见图 6-71（b）。

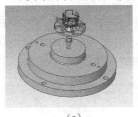
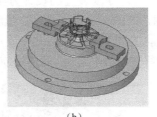

（a）　　　　　　　　　　　　　（b）

图 6-71　定位方法

3）定位误差计算

定位孔与定位销的配合尺寸取 $\phi 14H7/g6$，而工件定位尺寸是 $\phi 14H7(^{+0.018}_{0})$，定位销尺寸是 $\phi 14g6(^{-0.006}_{-0.017})$，工序要求的槽对定位孔中心线的对称度公差是 0.2mm，则定位误差是

$$\delta_D = \delta_x + \delta_g + \varDelta = 0.018 + 0.011 + 0.006 = 0.035 \text{mm}$$

取对称度公差的 $\dfrac{1}{3}$，则为 $0.2 \times \dfrac{1}{3} \approx 0.067$mm，由于 0.035<0.067，则该定位能满足要求。

2．对刀装置

加工槽的铣刀需要两个方向对刀，故采用直角对刀块，见图 6-72（a）。配合 1mm 的塞尺使用，对刀块的位置如图 6-72（b）所示。

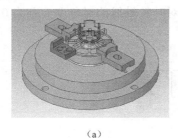 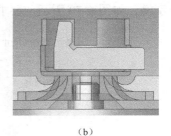

（a）　　　　　　　　　　　　　　　（b）

图 6-72　定位方法

3．夹紧方案的确定

选用螺旋压板联动夹紧机构。

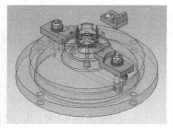

工件以中心孔及底面在定位销和定位盘的端面上定位，并使叶轮上的叶片与压板头部的缺口对中，旋转螺母，通过杠杆使两块压板同时夹紧工件。选用移动式弯曲压板，可以实现快速装卸，如图 6-73 所示。

4．分度机构的设计

图 6-73　螺旋夹紧联动机构

分度机构一般采用棘轮的比较多，但是由于该工件的定位夹紧机构尺寸较大，采用棘轮不太方便，因此改用分度盘加定位销——立轴式回转分度装置的设计方案，具体如下：

设计一个分度盘，如图 6-74（a）所示，盘底有四段斜槽，分度盘与定位盘之间用螺钉固定，在夹具体上开一沉头孔，见图 6-74（b），孔中放入销套，销套与定位销配合，底部有弹簧。这样，当分度盘转动时，销始终在斜槽中运动。每转过 90°，销就在弹簧的作用下上升至最高点，反靠夹紧。

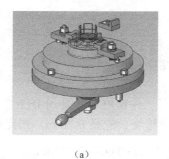 

（a）　　　　　　　　　　　　　　　（b）

图 6-74　立轴式回转分度装置

5．定向键

定向键布置如图 6-75 所示。

6．夹具体的设计

为保证夹具在工作台上安装稳定，应按照夹具体的高宽比不大于 1.25 的原则确定其宽度，并在两端设置耳座，以便固定，完整的叶轮铣槽夹具三维图如图 6-76 所示，其 CAD 二维图如图 6-77 所示。

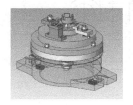

图 6-75　定向健布置　　　　　图 6-76　叶轮铣槽夹具三维图

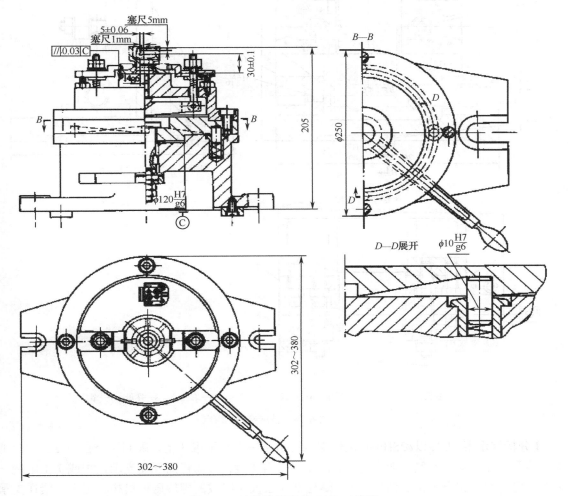

图 6-77　叶轮铣槽夹具 CAD 二维图

【思考题 2】：图 6-78 所示是铣分离叉内侧面的工序简图，图 6-79 所示是加工分离叉内侧面所用铣床夹具，试分析该夹具的定位、夹紧等特点。

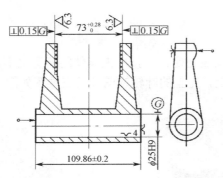

图 6-78　铣分离叉内侧面的工序简图

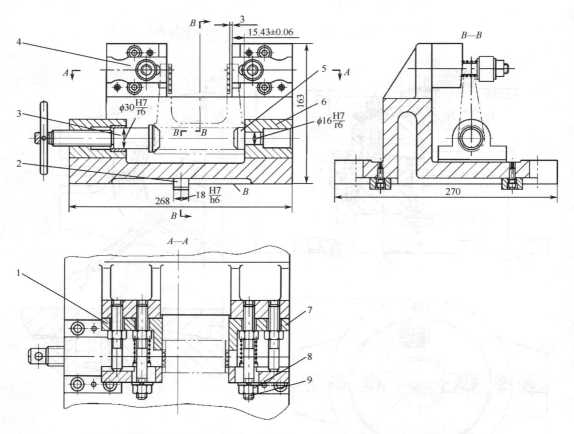

1，7—支承板；2—定向键；3—顶锥；4—压板；5—定位销；6—右支座；8—螺母；9—螺柱

图 6-79　铣床夹具

【分析提示】：工件以 $\phi25H9$ 孔定位支承在定位销 5 和顶锥 3 上，限制四个自由度；轴向则由右端面靠在右支座 6 侧平面上定位，限制一个自由度；叉脚背面靠在支承板 1 或 7 上限制一个自由度，实现完全定位。由螺母 8、螺柱 9 和压板 4 组成的螺旋压板机构将工件压紧在支承板 7 和 1 上。支承板 7 还兼做对刀块用。夹具在铣床工作台上的定位由装在夹具体底部的两个定向键 2 实现。

6.5　设计示例

6.5.1　铣端面打中心孔夹具

曲轴是发动机的关键零件之一，如图 6-80 所示，其性能好坏直接影响到发动机的质量和寿命。本例是设计曲轴铣端面打中心孔夹具。

1．定位分析

工件是以圆柱为主的轴类零件，所以采用卧式加工的方法，同时铣两个端面不仅加工效率高，而且还能控制轴向的长度。此曲轴零件不需要控制转动自由度，故铣端面打中心孔只需控制五个方向的自由度。选择定位方案为两端的主轴轴颈和一端面定位，用两个 V 形卡爪控制四个方向的自由度，一个端面控制一个移动自由度，同时运用液压推动卡爪，又能起到夹紧的作用，定位方案如图 6-81 所示。

图 6-80　曲轴示意图

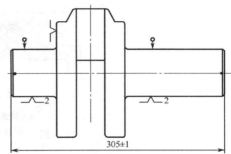

图 6-81　定位方案示意图

2．夹具装配总图

铣端面打中心孔夹具总图如图 6-82 所示。

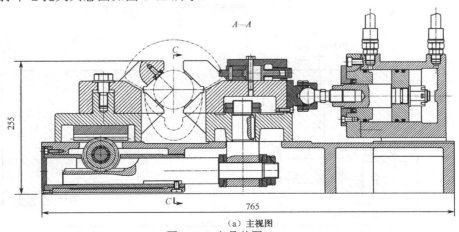

（a）主视图

图 6-82　夹具总图

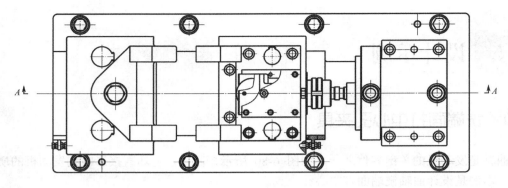

（b）俯视图

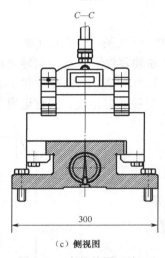

（c）侧视图

图 6-82　夹具总图（续）

3．夹具主要零件图

1）左滑座

图 6-83 所示的左滑座是连接左卡爪与齿条套筒的中间连接件，右滑座零件结构与之类似。

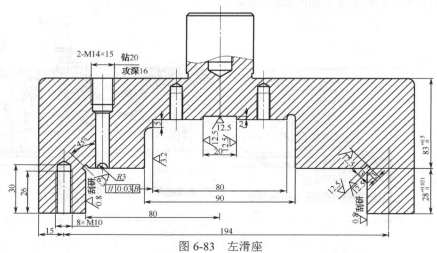

图 6-83　左滑座

2）左卡爪

左、右卡爪是定位元件，左卡爪如图 6-84 所示，右卡爪的结构与之类似。

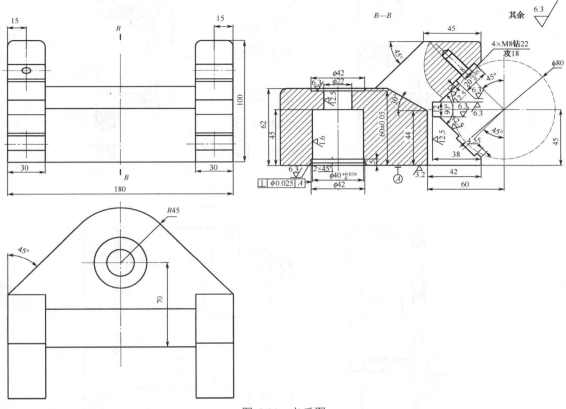

图 6-84 卡爪图

3）齿条套筒

齿条套筒是固定齿条位置的装置，如图 6-85 所示。

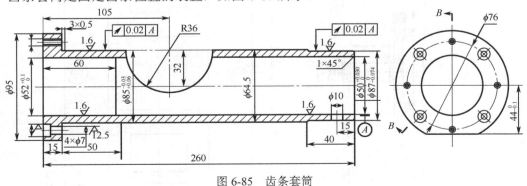

图 6-85 齿条套筒

4）夹具底座

夹具底座是介于机床和夹具体之间的连接元件，用于定位夹具体，其零件图如图 6-86 所示。

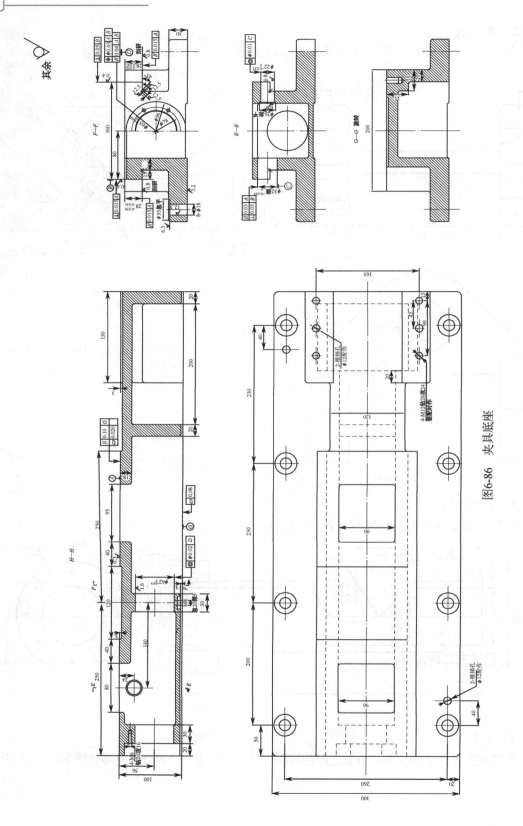

图6-86 夹具底座

6.5.2　连杆盖端钻孔夹具

本夹具主要用于加工发动机连杆盖端面的两个通孔，大批量生产，为了保证其位置精度和提高生产率，需设计一套专用夹具。

1．工序图

该螺栓孔为两段的阶梯孔，工序图如图 6-87 所示。$2 \times \phi 15.4$ 的轴线与分合面有垂直度的要求，孔 $2 \times \phi 12.5$ 有圆度要求，公差为 0.20mm。

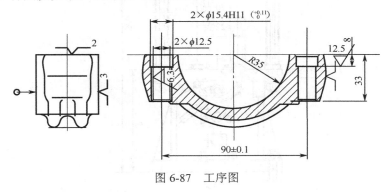

图 6-87　工序图

2．加工示意图

本加工分为两个工步，第 1 工步：钻孔 $2 \times \phi 12.5$，钻削用量为：$v=20.8$m/min，$n=530$r/min，$f=0.12$mm/r；第 2 工步：扩孔 $2 \times \phi 15.4$，钻削用量为：$v=25.6$m/min，$n=530$r/min，$f=0.12$mm/r，加工示意图如图 6-88 所示。

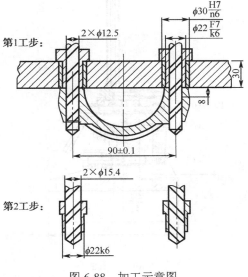

图 6-88　加工示意图

3. 夹具总图

在该连杆盖钻、扩专用机床总图的基础上，设计专用夹具。连杆盖零件在夹具上以端面定位控制三个自由度，考虑到此连杆尺寸不大，切削余量小及经济性等诸多因素，最终选用手动夹紧方案，该夹具总图如图 6-89 所示。

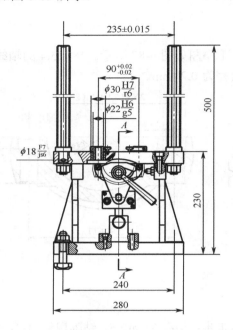

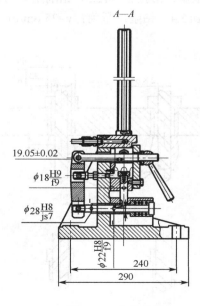

图 6-89　夹具总图

4．夹具体零件图

夹具体为非标准件，也是夹具上尺寸最多、负荷最大的元件，应有足够的刚度和强度，要有准确而稳定的安装面，但重量还应以轻为宜，结构也应尽量简单，夹具体的形状还应取决于在上面安装的其他各个元件的结构，设计时还应考虑工件装卸方便，如图 6-90 所示。

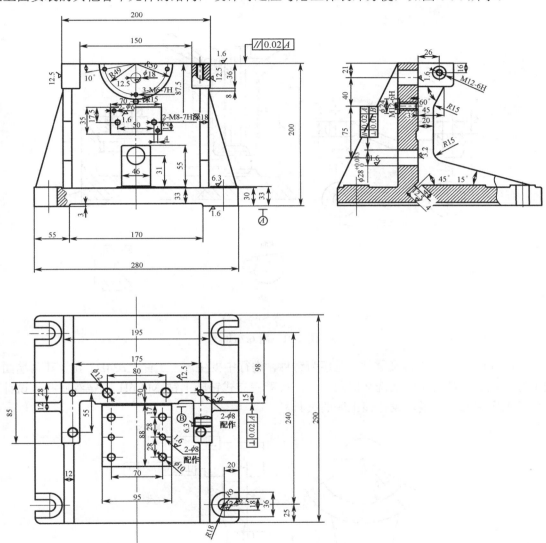

图 6-90　夹具体零件图

习　　题

6.1　设计车床夹具时通常考虑哪些因素？

6.2　钻床夹具分哪些类型？

6.3　非固定式普通钻模和固定式普通钻模有何异同？

6.4 镗模主要应用在什么场合？可分为几类？

6.5 怎样避免镗杆与镗套之间出现的"卡死"现象？

6.6 设计圆周铣床夹具时应注意哪些问题？

6.7 图 6-91 所示钻模是用于加工图 6-91（a）所示工件的两个 $\phi 8_{0}^{+0.036}$ mm 孔的。试指出该钻模设计中的不当之处，并提出改进意见。

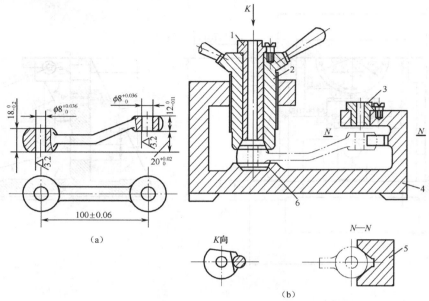

1，3—钻套；2—衬套；4—夹具体；5—V 形块；6—定位套

图 6-91　题 6.7 图

6.8 图 6-92 所示为拨叉零件，毛坯为铸件，进行中批生产。工件上 $\phi 24H7$ 孔及其两端面已加工好，现要在卧式铣床上铣叉口两侧面，接着在立式钻床上钻 M8-6H 的螺纹底孔，试针对这两道工序中的任一道，设计该工序的夹具。

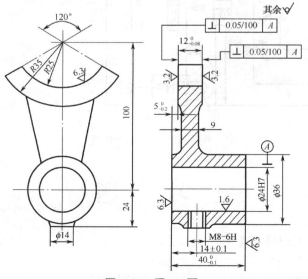

图 6-92　题 6.8 图

第 7 章

夹具课程项目教学

本章学习的目标

了解夹具拆装实践教学的内容和步骤；

了解在三维软件（UG、Pro/E 等）环境下，进行夹具造型设计的方法；

熟悉机床夹具课程设计的内容和步骤；

了解夹具课程的实验教学。

重点与难点

机床夹具三维造型设计；

机床夹具课程设计的要求和内容。

7.1 机床夹具拆装实训

通过拆装典型机床夹具，巩固所学的定位原理和夹紧等知识点，进一步掌握机床夹具的组成和结构特点。

这部分内容是夹具课程的实践性教学，一般为 2 学时。

1．实训目的

通过典型夹具拆装实训，应达到以下教学目的：

（1）使学生了解机床夹具的结构组成及各部分的功能和作用。

（2）掌握夹具各部分与夹具体的连接方法、夹具的拆装方法和步骤。

（3）掌握夹具在机床上的安装、连接和调试方法。

（4）了解刀具与夹具相互位置的确定方式。

（5）提高学生的机械识图和机械绘图能力。

2．实训设备、器材及工具

（1）拆装实训所需的各种夹具和工作台，如图 7-1 所示的就是其中的几种，分别是车夹具（见图 7-1（a））、镗夹具（见图 7-1（b））和铣夹具（见图 7-1（c））。

（a）　　　　　　　　　　　　　　　　　　（b）

（c）

图 7-1　拆装实训所需的实验夹具

（2）车床、铣床、钻床和镗床等机床。

（3）夹具拆装使用到的各种工具（如扳手、开刀、套筒扳手、小锤、防锈油等）。

（4）机床夹具安装、调试器材和检验工具。

3．实训内容

（1）介绍被拆装夹具的功用、结构特点及各部件间的关系。

（2）介绍使用该夹具的机床的特点。

（3）介绍各种拆装用工具、安装机床夹具用的量具、检具的特点及其使用方法。

（4）机床夹具在机床上的安装调试。

（5）典型机床夹具的拆装顺序。

（6）绘制机床夹具装配草图。

4．实训技能目标

（1）每个小组完成指定夹具的拆装工作后，检验达到其夹具的设计技术要求。

（2）每个小组完成夹具的安装调试工作，检查合格后，试切削加工出相应的工件，要达到零件图的技术要求。

（3）绘出的夹具装配图应符合国家制图标准。

5．实训步骤

（1）学生分组（一般 3～4 人为一组），要求先观察了解一套专用夹具各部分组成及安装方式，确定拆解顺序。

（2）熟悉整个夹具的总体结构，找出夹具中的定位元件、夹紧元件、对刀元件、夹具体及导向元件；熟悉各元件之间的连接及在夹具中的定位安装方式。

（3）要求每位学生都动手配合拆卸夹具，按拆卸工艺顺序把夹具各零件拆开，注意各元件之间的连接状况，按拆解顺序把夹具零件放置在工作台上，不要混乱，做好记录。

（4）利用工具按正确的顺序把各元件装配好，了解装配方法，调整各工作表面之间的位置，并做好零件尺寸测绘记录，为绘制夹具装配图做准备。

（5）把夹具装到相应机床上，注意夹具在机床上的定位，调整好夹具相对机床的位置，然后将夹具夹紧在机床上。

（6）将工件安装到夹具中，注意工件在夹具中的定位、夹紧。

（7）利用对刀塞尺，调整好刀具的位置，注意对刀时塞尺的使用。

（8）根据夹具草图，绘制机床夹具的装配图（课外完成）。

（9）上交实训报告。

7.2　专用夹具三维造型设计

以前夹具设计及其教学方式一直是沿用二维设计而展开进行的，很少涉及三维实体设计，目前可用于三维造型设计的软件如 UG、Pro/E、SolidWorks、CATIA 及 AutoCAD 等已广泛使用，因此夹具三维造型可使用这些软件的功能来实现，通过实体造型把夹具的三维图设计出来。以下就以 UG、Pro/E 为设计平台，举例说明夹具体三维造型的实现方法。

7.2.1 UG 为设计平台

下面以 S195 柴油机曲轴铣键槽夹具设计为例，简单介绍在 UG 环境下零件夹具三维造型的设计过程。

在 UG 中运用"插入"中的"草图"、"曲线"、"设计特征"、"关联复用"、"裁剪"等功能，用到的命令有："曲线"、"基本曲线"、"螺旋线"、"拉伸"、"长方体"、"圆柱体"、"孔"、"圆台"、"螺纹"等，绘出所需要的夹具零件图并装配起来。

第一步：打开 UG 界面并新建文件夹。

第二步：使用 UG "建模"，实现待加工零件、压板、弹簧、螺栓、螺母、垫圈、支承钉、V 形块、夹具体底板等零部件的造型设计，详细步骤如下。

（1）待加工零件造型。利用特征圆柱命令，绘制零件外形，然后利用草图命令，绘制零件上各部分外形，再利用拉伸命令，拉伸曲线，两部分求和。最后利用沉孔命令依次打孔，如图 7-2 所示。

图 7-2　本工序前的半成品图

（2）利用特征造型命令，选择圆柱画出定位销，如图 7-3 所示。

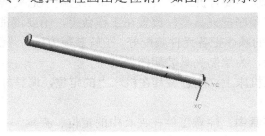

图 7-3　定位销

（3）在草图中画出压板的侧面形状，完成草图后用拉伸命令拉伸，并用打孔命令导通上表面，再利用倒角和倒圆命令绘制零件倒角和倒圆，如图 7-4 所示。

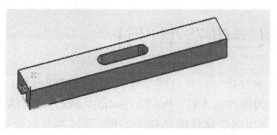

图 7-4　压板

（4）利用螺旋线命令画出弹簧的线形，在草图中，在螺旋线的起始位置画一个和弹簧直径一样大小的圆，完成草图后用扫描命令选择扫描对象圆再选出圆的轨迹画出弹簧，如图 7-5 所示。

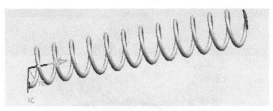

图 7-5　弹簧

（5）利用特征造型命令，选择圆柱画出螺栓和螺柱的外形，完成后用螺纹命令导出螺栓和螺柱的螺纹，如图 7-6 所示。

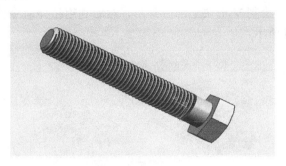

图 7-6　螺栓

（6）在草图中画出螺母的外形，完成草图后用拉伸命令拉伸，接着用打孔命令打个通孔，再用螺纹命令导出内螺纹，如图 7-7 所示。

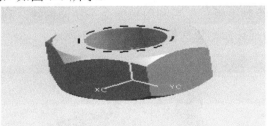

图 7-7　螺母

（7）用圆柱命令画出垫圈外形，再用沉孔命令打孔，如图 7-8 所示。

图 7-8　垫圈

（8）利用特征造型命令中的圆柱功能画出圆柱，然后利用凸垫功能绘出外形。再利用倒圆命令绘制支承钉，如图 7-9 所示。

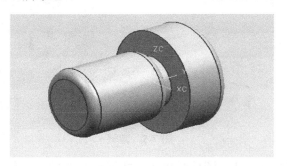

图 7-9　支承钉

（9）利用草图命令，绘制 V 形块上部分外形，然后利用拉伸命令拉伸曲线，再利用沉孔命令依次打孔，如图 7-10 所示。

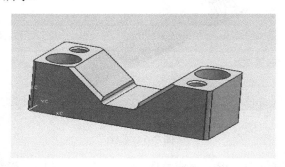

图 7-10　V 形块

（10）利用草图命令绘制底板，然后利用拉伸命令拉伸曲线。利用特征造型设计凸垫，绘制底板上三个矩形，再用沉孔命令依次打孔，如图 7-11 所示。

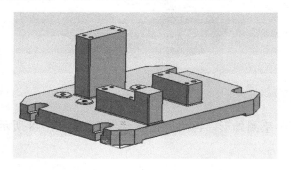

图 7-11　底板

第三步：将零件 V 形块、定位销、内六角螺钉，使用"面和面"和"中心"对齐功能装配在底板上，按照同样的方法将定位销也装配到底板上。

第四步：使用"面和面"和"中心"对齐功能装配，将曲轴零件装配到底板上，再将螺栓、螺母、弹簧、垫圈和压板也装配上去，如图 7-12 所示。

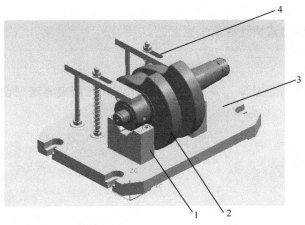

1—V 形块；2—曲轴；3—夹具体；4—夹紧机构

图 7-12　铣键槽夹具三维图

7.2.2　Pro/E 为设计平台

软件：Pro/ENGINEER Wildfire 版。

1．零件作用及装夹分析

图 7-13 所示的产品是拔出家用饮水机上水桶拔盖的工具——拔盖夹头的零件图。其工作原理是把该零件插入水桶，插入时可使零件外侧向中间挤压。插入后，当拔出拔盖时零件外侧向外张开从而拔出水桶拔盖。饮水机通过该零件的安装平面与饮水机进水口相连，利用外圆柱面定位。现以该零件工艺线路中的第三道工序铣端面所用的夹具为例，进行三维造型设计说明。

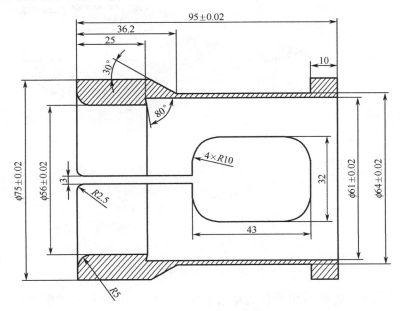

图 7-13　水桶的拔盖夹头的零件图

定位：以下端面和长套筒作为定位基准，限制五个自由度。

夹紧机构：采用楔槽式快速螺旋夹紧装置。

2．造型过程

限于篇幅，本节就以固定 V 形块为例说明 Pro/E 在专用夹具造型设计中的应用。

（1）启动 Pro/E，进入设计界面，如图 7-14 所示。

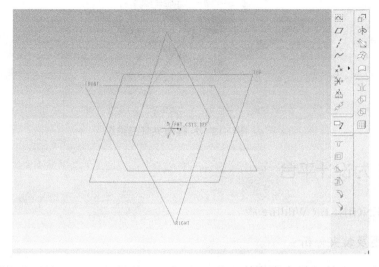

图 7-14　进入 Pro/E 设计界面

（2）本零件可以看做是把长方体切割而成的，因此选用拉伸命令然后确定基准面，如图 7-15 所示。

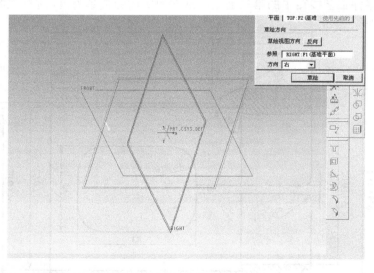

图 7-15　拉伸命令

（3）选择 □ 命令，选择 TOP 面作为草绘平面，进入草绘界面后，绘制矩形，长为 85.4mm，宽为 93mm，绘制图形如图 7-16 所示。单击 ✔，进入显示区。在下面的对话框 中，确定矩形的高度为 20，然后单击 ✔，完成长方体的绘制，如图 7-17 所示。

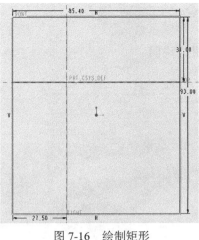

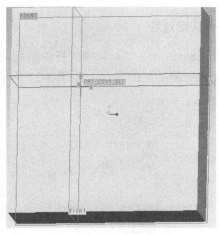

图 7-16　绘制矩形　　　　　　　　图 7-17　长方体的绘制

（4）选择同样的拉伸命令，采用同样的方法，在草绘界面中一定的位置上画图，如图 7-18 所示。单击 ✔，单击图 7-19 中的 确定 按钮，在下面的对话框中选择 ⬜，然后单击 ✔，完成造型，见图 7-20。

（5）选择 ⬜ 命令，以大端面为草绘平面，进入草绘界面，在相应的位置绘制孔特征，然后操作步骤同（4），最后生成图 7-21，完成固定 V 形块的三维造型设计。

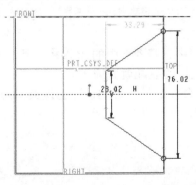

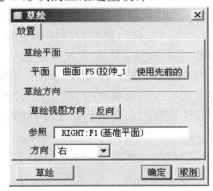

图 7-18　确定 V 形块位置　　　　　　图 7-19　草绘界面

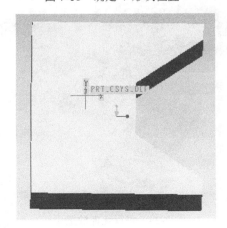

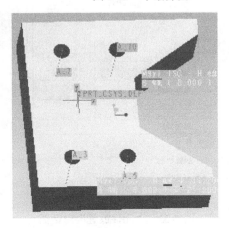

图 7-20　V 形块造型　　　　　　　图 7-21　绘制孔特征

3．实体装配过程

下面以滑动 V 形块支架和螺纹杆的装配为例进行说明。

（1）选取所需装配的零件，如图 7-22 所示。

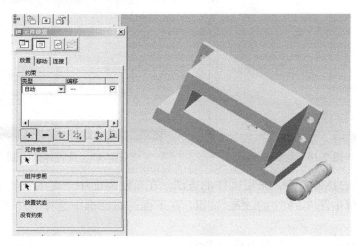

图 7-22　选取所需装配的零件

（2）在如图 7-23 所示的"元件放置"对话框中选择 移动 中的 旋转 ，将螺纹杆的位置做 180°的旋转，在"元件放置"对话框中选择 放置 中的 对齐　　重合 ，然后选择两个零件的轴线，结果见图 7-24。再在"元件放置"对话框中选择 移动 中的 平移 ，用鼠标拖动螺纹杆，结果见图 7-25。至此，滑动 V 形块支架和螺纹杆的装配就完成了。

上述为该夹具中一组部件的装配绘制过程，其余装配体的装配设计也是类似的，最后将夹具上各主要部件装配起来就得到整个夹具的三维图，如图 7-26 所示。

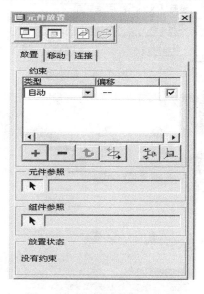

图 7-23　"元件放置"对话框

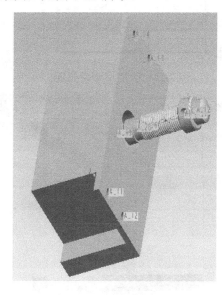

图 7-24　进行元件放置

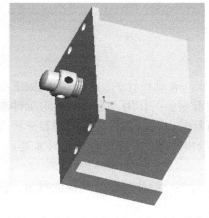
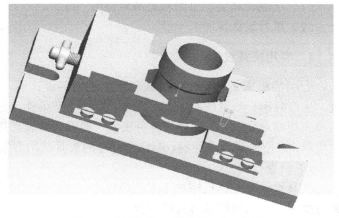

图 7-25 滑动 V 形块支架和螺纹杆的装配　　　　图 7-26 铣拔盖夹头端面夹具三维图

7.3 机床夹具课程设计

7.3.1 课程设计的目的

机床夹具课程设计是在学完了"机床夹具设计"理论课程后进行的一个实践性教学环节，其目的是：

（1）培养学生综合应用"机床夹具设计"课程及其他有关先修课程的理论知识，把理论知识和生产实际密切结合，能够根据被加工零件的技术要求，运用夹具设计的基本原理和方法，学会拟订夹具设计方案，完成夹具结构设计，进一步提高结构设计能力。

（2）培养学生熟悉并运用有关手册、图表、规范等有关资料文献的能力。

（3）进一步培养学生识图、制图、运算和编写技术文件等基本技能。

（4）培养学生独立思考和独立工作的能力，为毕业后走向社会从事相关技术工作打下良好的基础。

注：该课程设计有些高校是放在"机制工艺与夹具课程设计"中进行的，也有些高校是单独开设的。

7.3.2 课程设计的要求与内容

本次设计按学号顺序（或者自由组合）分组进行，每 3～5 人一组，每组一个大题目。要求每组学生根据老师（或企业现场）提供的零件图，各自设计一道工序的专用夹具，并撰写设计说明书。

学生应在教师指导下，按设计指导书的规定，认真、有计划地按时完成设计任务。必须以负责的态度对待自己所做的技术决定、数据和计算结果，注意理论与实践的结合，以期使整个设计在技术上是先进的，在经济上是合理的，在生产上是可行的。

具体内容如下：

（1）绘制夹具装配总图和关键零件图一张；

（2）撰写设计说明书一份。

1. 专用夹具设计

专用的机床夹具设计是机械制造工艺装备设计的一部分，夹具设计的优劣对零件加工精度、生产效率、制造成本、生产安全、劳动生产条件等都起着重要的作用。它用来确定工件与刀具间的相对位置，将工件定位并夹紧。要设计出较理想可行的夹具，必须充分了解和分析有关资料，吸取先进技术经验，制订出可行的夹具结构方案，绘出总图，并提出合理的技术要求。

1）调查研究

夹具设计是根据机械加工工艺规程中提出的具体要求进行的，设计前应对产品的批量、任务与要求、工艺规程及有关技术资料进行分析研究。

2）选定定位基准和定位元件

为使一批工件中的每一个工件放在夹具中都能获得一致的位置，必须通过工件上的定位基准与夹具中的定位元件相接触或相配合。由于工件的结构形状多种多样，故定位基准各不相同，所以要合理选择、设计、安置定位元件，以达到定位目的。

（1）选择合理的定位基准。定位基准的选择直接影响工艺路线中工序的数目、夹具结构的复杂程度以及零件精度是否易于保证。选择定位基准的原则是：

① 定位基准必须与工艺基准重合，并尽量与设计基准重合，以减小定位误差。当定位基准、工艺基准与设计基准不重合时，需进行必要的加工尺寸及其公差的换算。

② 应选择工件上较大的平面、较长的圆柱面或圆柱轴线作为定位基准，以提高定位精度，并使定位稳定可靠。

③ 在选择定位元件时，应用"六点定位"原理来分析，要尽量避免过定位现象。

④ 在工件各加工工序中，力求采用统一基准，以避免因基准更换而降低工件各表面的相互位置精度。

⑤ 当铸、锻件以毛坯面作为粗基准时，应避开浇、冒口或分型面等不平整表面。

（2）对定位元件的要求。

① 工件定位基准与定位元件接触或配合后，应限制住必须限制的工件自由度数。

② 由定位元件产生的定位误差最小。

③ 定位元件的定位表面应具有较高的尺寸精度、配合精度、低的表面粗糙度和高的硬度。

④ 定位元件结构应尽量简单，并具有足够的刚度、强度，且便于装卸工件，便于清除切屑。

⑤ 对尺寸较大的表面，在不影响定位精度的前提下，尽量减小与工件定位表面的接触面积。

（3）对定位精度的要求。

① 对夹具做必要的定位误差分析与计算，实际定位误差值必须小于或等于工序尺寸公差与该工序加工方法经济精度值之差。

② 必须提高夹具在机床上的定位精度。

③ 必须保证刀具在夹具上的导向精度。

④ 必须保证对刀元件表面到工件被加工表面间的尺寸精度。

3）确定夹紧机构

为保证工件安装的正确可靠，在设计夹紧机构时，应考虑夹紧力的大小、方向和作用点的数量与位置，以及夹紧力的力源装置。

① 夹紧力方向的选择原则。夹紧力方向应朝向对保证工件精度影响最大的定位面；应使工件变形最小；最好与工件重力和切削力同向。

② 夹紧力作用点的选择原则。应选在不破坏工件定位时已经获得的正确位置；应使夹紧时变形最小和受切削力而产生的变形和振动最小。

③ 估算夹紧力和选择动力源。工件在加工过程中受切削力、惯性力、离心力和重力等作用。从理论上讲，夹紧力的作用必须与上述作用力（或力矩）相平衡，据此可列出静平衡方程式，算出夹紧力。但在实际加工过程中，由于工件加工表面的加工余量、硬度不均匀，刀具的磨钝以及断续切削等因素，所以实际夹紧力比理论夹紧力要大得多。为了加工安全可靠，保证加工质量，必须将理论夹紧力乘以安全系数 K（如粗加工时取 K=2.5～3.0，精加工时取 K=1.5～2.0）。

动力源有人力和机动两种，机动动力源常用的有气动、液压、气液联合和电动等装置。

4）绘制夹具草图

先用"双点画线"画出工件外形，然后围绕工件依次画出定位元件、夹紧装置和刀具导向元件等，最后用夹具体把各种元件连成一整体，有的夹具还需画出与机床连接的元件。

5）分析夹具精度

结构方案制订后，可按经验类比法标注配合尺寸和主要技术条件，然后用分析计算来验算所制订的夹具精度是否符合工件加工要求：

$$\Sigma\Delta = \Delta_{定位} + \Delta_{夹紧} + \Delta_{夹调} + \Delta_{其他} \tag{7-1}$$

$$\Sigma\Delta \leqslant T$$

式中　　$\Sigma\Delta$——对工序尺寸造成的加工总误差；

$\Delta_{定位}$——工件定位误差；

$\Delta_{夹紧}$——夹紧引起的误差；

$\Delta_{夹调}$——夹具在机床上安装调整引起的误差；

$\Delta_{其他}$——其他因素引起的误差；

T——该工序尺寸的公差。

若工件在工序尺寸方向上产生的总误差小于工序尺寸所规定公差，则说明夹具是符合要求的。

6）绘制夹具总图和零件图

经审查，所设计的夹具结构和夹具精度符合要求之后，即可绘制夹具总图和零件图。

2．编写设计说明书

设计说明书是设计的总结性文件，它应能概括设计的全貌。在设计说明书中对设计各部分的主要问题应有重点说明、分析论证和必要的计算，对设计的成果应有结论。

自课程设计开始之日起，学生应逐日将设计内容的分析、考虑计算的主要数据及结论记入草稿中。在设计阶段结束时，应及时补充和整理，最后编写成正式的设计计算说明书。

设计说明书中一般应包括以下内容：

1）设计任务与序言

2）目录

3）机械加工工艺规程的简单分析

包括零件的功用、结构和技术要求的分析；加工方法的拟订；定位基准的选取；机床和工艺装备的选取等。

4）夹具设计

包括结构的分析，定位、夹紧方案分析比较，误差分析计算，尺寸链的换算，公差配合的选用，有关夹具操作过程说明及注意事项，夹具使用的优缺点等。

5）设计中的专题论述和收获体会

6）主要参考资料

要求计算过程及结果准确无误，文字叙述有条理，语言通顺简练，文图清晰、完整。

7.3.3　课程设计的进度与时间安排

一般高校是将"机制工艺"与"夹具设计"两个课程设计合在一起进行，总时间定为 3 周，分为以下阶段。

1．调查阶段

结合设计题目进行调查研究，熟悉零件图，收集资料，到校图书馆借阅设计手册（可参见后面所用手册），时间 1～2 天。

2．设计阶段

工艺设计期间完成工艺规程的设计草案，时间 13～14 天，具体是：

（1）设计并填写工艺文件，时间 3～4 天。

（2）绘制夹具总图、关键零件图，时间 8 天。

（3）整理设计说明书，时间 2 天。

如将"夹具设计"单独作为一个独立的课程设计环节，时间一般定为 1 周，具体进度安排见表 7-1，设计内容详见表 7-2。

表 7-1　课程设计进度安排

序　号	项　　　目	时间/天
1	学生领取设计任务书，熟悉资料，借阅设计资料	0.5
2	拟订夹具设计方案，设计绘制夹具装配图一张、夹具关键零件图两张	4
3	编写设计说明书	0.5

表 7-2　设计任务分解表

序　号	内　　容	基　本　要　求	学　　时
1	查资料，对某一工序进行详细分析，明确夹具设计任务	分析研究工件的结构特点、材料、生产规模和本工序加工的技术要求，以及前后工序的联系；然后了解加工所用设备、辅助工具中与设计夹具有关的技术性能和规格；了解工具车间的技术水平等。必要时还要了解同类工件的加工方法和所使用夹具的情况，作为设计的参考	0.5 天

序　号	内　　容	基　本　要　求	学　　时
2	考虑和确定夹具的结构方案，绘制结构草图	根据六点定位原理确定工件的定位方式，并设计相应的定位装置；确定刀具的引导方法，并设计引导元件或对刀装置；确定工件的夹紧方式和设计夹紧装置；确定其他元件或装置的结构形式，如定向键、分度装置等；考虑各种装置、元件的布局，确定夹具体和总体结构。对夹具的总体结构，最好考虑几个方案，画出草图，经过分析比较，从中选取较合理的方案	1.5 天
3	绘制夹具总图	夹具总图应遵循国家标准绘制，图形大小的比例尽量取 1:1，使所绘的夹具总图有良好的直观性，如工件过大时可用 1:2 或 1:5 的比例，过小时可用 2:1 的比例。总图中的视图应尽量少，但必须能够清楚地表示出夹具的工作原理和构造，表示各种装置或元件之间的位置关系等。主视图应取操作者实际工作时的位置，以作为装配夹具的依据并供使用时参考。绘制总图的顺序是：先用双点画线绘出工件的轮廓外形，并显示出加工余量；然后把工件视为透明体，按照工件的形状及位置依次绘出定位、导向、夹紧及其他元件或装置的具体结构；最后绘制夹具体，形成一个夹具整体	1.5 天
4	确定并标注有关尺寸和夹具技术要求	在夹具总图上应标注轮廓尺寸，必要的装配、检验尺寸及其公差，制订主要元件、装置间的相互位置精度要求等。当加工的技术要求较高时，应进行工序精度分析	0.5 天
5	绘制夹具零件图	夹具中的非标准零件都必须绘制零件图。在确定这些零件的尺寸、公差或技术条件时，应注意使其满足夹具总图的要求	0.5 天
6	完成专用夹具设计部分说明书	完成专用夹具设计部分说明书	0.5 天

7.3.4　课程设计成绩的评定

机床夹具课程设计成绩由平时成绩、设计图纸及说明书三部分组成。

1．阶段考核

在平时设计中，指导教师要对学生的设计内容进行检查，学生应对其错误进行修改，记录平时成绩。

2．最终答辩

在阶段检查的基础上，最后进行答辩（时间安排在课程设计结束时的最后半天）。

3．综合评定

学生课程设计成绩按优秀、良好、中等、及格和不及格五级评定。凡初评不合格的学生，给予一次修改机会，修改后成绩仍不合格者，成绩按不及格计。

7.3.5　设计实例简介

设计题目：汽车发动机缸盖零件机加工工艺与铣夹具设计

机械加工工艺装备设计包括机床专用的夹具、专用刀具、专用量具和专用辅具的设计。工艺装备是保证零件加工精度，提高劳动生产率，降低成本和减轻工人劳动强度的有效措施，它们设计的合理与否是这些设备性能发挥的关键。限于篇幅，在这里本例只说明铣夹具设计的指导内容部分。

机床夹具是在机床上加工使用的一种工艺装备，用来确定工件与刀具的相对位置，将工件定位并夹紧。专用夹具是为某一零件的某一道工序而专门设计制造的夹具，没有通用性，但可用在通用机床或专用机床上。缸盖零件机械加工工艺中采用许多专用夹具，现就缸盖零件工艺路线中第三道工序，即加工定位基准面（粗铣上底面）工序所用夹具做一分析。

1. 定位方案

由于该零件结构形状较复杂，为保证缸盖零件各表面间的位置精度，采用统一基准加工，即采用"一面两孔"作为后续工序的定位基准，故底平面加工采用二次铣削，第一次铣削作为基准用，其工序简图如图 7-27 所示，在该零件的后续工序再精铣该底平面，其加工余量为 0.5mm。

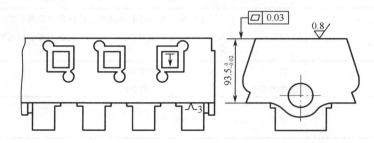

图 7-27　粗铣上底面工序简图

为了保证高度方向尺寸 93.5mm、平面度 0.03mm 的要求，采用裙部两长条定位；为确保球形燃烧室对发动机功能的影响，采用球形燃烧室短圆柱表面作为定位基准（两孔），形成了"一面两孔"的定位，限制了工件六个自由度，属完全定位。

2. 选择定位元件

根据工件的定位基准表面，裙部两长条表面采用板条定位元件，以形成定位平面，限制了工件的三个自由度，保证了平面的尺寸精度与形状精度；球形燃烧室短圆柱表面定位时采用短圆柱销和短菱形销定位，如图 7-28 所示。

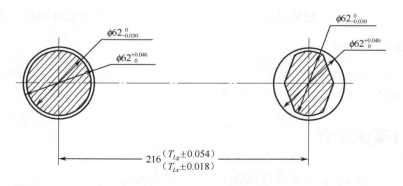

图 7-28　一面两销定位图

3．定位销尺寸和定位误差计算

两定位销孔选取第一与第三燃烧室孔，两者距离较大，则在同样销孔配合精度下能获得最小的摆角误差。其中心距为 216mm，因是粗基定位，故选孔中心距公差±T_{Lg} 的 1/3 作为销的公差 T_{Lx}，即 $T_{Lx}=(\pm 0.054)\times\dfrac{1}{3}=\pm 0.018\text{mm}$。

圆柱销直径的基本尺寸为 $\phi 62\text{mm}$，与定位孔的配合选取 H8/h7。

菱形销宽度 $b=10\text{mm}$，$B=56\text{mm}$。

菱形销圆形弧度部分与其相配的工件定位孔间的最小间隙 $\varDelta_{2\min}$ 为

$$\varDelta_{2\min}=\frac{2\varepsilon b}{D_2} \tag{7-2}$$

式（7-2）中的补充距离 ε 由下式计算：

$$\varepsilon=T_{Lx}+T_{Lg}-\varDelta_{\min}/2 \tag{7-3}$$

式中　$\varDelta_{\min}$——夹具圆柱与其相配合的工件定位孔间的最小间隙，本例为零。

结果：$\varepsilon=0.151\text{mm}$，$\varDelta_{2\min}=0.01\text{mm}$。

两定位销孔所产生的最大角度定位误差 α 为

$$\tan\alpha=\frac{\varDelta_{\min}+\varDelta_{2\min}}{2L}=0.000\,35 \tag{7-4}$$

$\therefore\quad \alpha=1.2'$

即最大倾角误差为 1.2′，在允许的公差范围内，可以满足加工要求。

4．夹紧机构设计

本工序为铣削上底面，为保证加工期间工件的定位可靠性，采用气动杠杆夹紧机构，如图 7-29 所示。

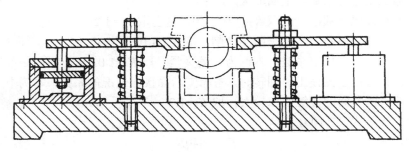

图 7-29　夹紧机构方案（1）示意图

铣削力 F 的计算公式是

$$F=\frac{B\cdot f_{分}\cdot a_{p}\cdot p_{单}}{1\,000v} \tag{7-5}$$

式中　B——铣削宽度（mm）；

$f_{分}$——每分钟进给量（mm/min）；

a_{p}——切削深度（mm）；

$p_{单}$——单位切削力（MPa）；

v——切削速度（m/min）。

单位切削力 $p_单$ 的经验公式是

$$p_单 = \frac{1300}{a_c^{0.313}} \cdot k \qquad (7\text{-}6)$$

式中　a_c——切削厚度（mm）；

k——材料强度修正系数，因工件为 ZL101，其硬度为 45～70HBS，则 k=0.6～0.7。

当铣刀的 κ_r=45° 时，则

$$a_c = f \cdot \sin 45° = 0.1 \times \frac{\sqrt{2}}{2} = 0.07\text{mm/z} \qquad (7\text{-}7)$$

取铣刀转速 n=240r/mm，$f_分$=407mm/min，代入式（7-6），得

$$p_单 = 1\,788\text{MPa}$$

采用直径为 200mm，齿数 z=24 的面铣刀进行铣削，代入式（7-5），得

$$F = 96\text{N}$$

在铣削力 F 作用下使工件产生转动的旋转力矩 T 为

$$T = F \times L / 2 = 14.8\text{N} \cdot \text{m} \qquad (7\text{-}8)$$

理论夹紧力 $F_理$ 为

$$F_理 = \frac{T}{\mu r} = 913\text{N} \qquad (7\text{-}9)$$

实际夹紧力 F_J 为

$$\begin{aligned} F_J &= F_理 \cdot K \\ &= F_理 \cdot K_0 \cdot K_1 \cdot K_2 \cdot K_3 \cdot K_4 \cdot K_5 \end{aligned} \qquad (7\text{-}10)$$

式中　K——安全系数；

K_0——基本安全系数，一般取 K_0=1.5；

K_1——加工粗糙度系数，毛面取 K_1=1.2；

K_2——刀具钝化系数，一般取 K_2=1.0～1.9，这里取 K_2=1.2；

K_3——切削特性系数，本例是断续切削，取 K_3=1.0；

K_4——考虑夹紧力稳定系数，本例为气动夹紧，取 K_4=1.0；

K_5——当有力矩企图使工件回转时，考虑支承面接触情况的系数，本例中定位元件是支承板，它与工件定位表面的接触面积较大，取 K_5=1.2。

将以上参数代入式（7-10），得

$$F_J = 2\,840\text{N}$$

因采用气动夹紧，汽缸活塞直径 D 的计算公式为

$$D = \sqrt{\frac{4F_J}{p_1 \cdot \pi}} \qquad (7\text{-}11)$$

式中　p_1——压缩空气的压强，取 p_1=0.4MPa。

设计杠杆夹紧机构的比例为 1:1，根据计算结合查手册，取汽缸活塞直径为 63mm。在设计杠杆夹紧机构时，应考虑方便工件的装卸，为使活塞行程较短，采用杠杆在装卸工件时能沿杠杆长度方向移动，但这种结构自动化程度太低，工人操作烦琐；为此采用旋转型钩形压板，如图 7-30 所示，夹紧操作时只需将钩形压板旋转 60°～90° 即可，由此再计算活塞杆行程值。

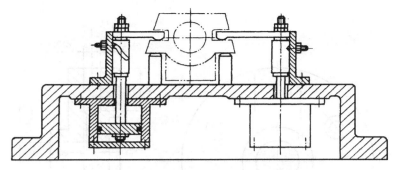

图 7-30　夹紧机构方案（2）示意图

5. 夹具体设计

经分析、计算和选择，设计定位元件和夹紧机构后，再设计其夹具体，它是夹具的一个主体零件，其上安装着定位元件、夹紧机构等，并由连接件将其与机床连接在一起。

夹具体结构形状与加工工件的结构形状、加工方法和制造材料有关。其形状尺寸主要根据工件轮廓尺寸及其上面安装的各元件结构、布局情况来设计，本专用夹具的形状和尺寸都是非标标准的。

以下是部分夹具课程设计题目，仅供参考。

题目 1：钻床夹具设计

如图 7-31 所示，设计加工端盖上 4×ϕ9mm 小孔的钻孔夹具。图中其他各表面均已加工完毕。

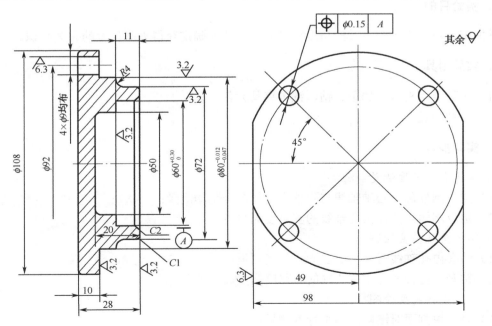

图 7-31　端盖

题目 2：钻床夹具设计

如图 7-32 所示为设计加工挡环上 ϕ10H7 小孔的钻孔夹具。图中其他各主要表面均已加工完毕。

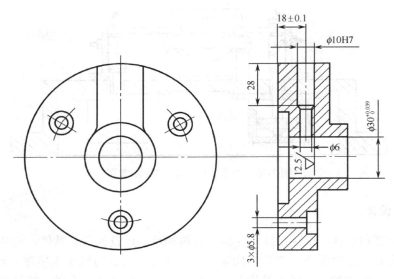

图 7-32　挡环零件图

7.4　夹具精度实验

1．实验目的

掌握车、钻、铣床等夹具的精度检测方法，从而确定获得夹具精度的有关知识。

2．实验用具

（1）三种专用夹具（如车、钻、铣等夹具）各一套。
（2）各种测量工具。

3．实验步骤

1）车床夹具精度测量
（1）定位圆柱部分心轴轴线与两顶尖的径向全跳动测量；
（2）定位端面与两顶尖孔轴线的垂直度测量。
2）钻床夹具精度检测
（1）钻套内孔轴线对夹具底面的垂直度测量；
（2）钻套内孔轴线对定位心轴的对称度测量。
3）铣床夹具精度检测
（1）对刀块侧面对键侧面的平行度测量；
（2）对刀块水平面对夹具体底面的平行度测量；
（3）定位心轴对夹具底面和键侧面的平行度测量。

4．实验报告

（1）记录各种精度测量数据。

（2）分析夹具误差的构成，提出获得该精度的夹具装配工艺过程。

5．思考题

提高夹具精度的方法有哪些？

夹具精度实验报告

学院：　　　　　　　　班级：　　　　　　　　姓名：

夹具种类	精度		获得该精度的夹具装配工艺过程
	检测项目	检测数值	
车床夹具	径向全跳动		
	垂直度		
钻床夹具	钻套孔与底面垂直度		
	钻套孔与定位心轴对称度		
铣床夹具	对刀块侧面与键侧面平行度		
	对刀块水平面与夹具体底面平行度		
	定位心轴与键侧面平行度		
	定位心轴对夹具底面平行度		

习　题

7.1　简介夹具拆装实训的内容，以及需要哪些工具。

7.2　通过夹具拆装，你学到了哪些知识？

7.3　结合三维软件课程的学习，针对典型零件的加工，进行某道工序专用夹具的三维造型设计。

7.4　了解专用夹具精度的测量方法。

附录 A　机械加工定位、夹紧符号

（JBT 5061—2006）

1．定位支承符号

定位支承符号按表 A-1 所示的规定表示。

表 A-1　定位支承符号及其表示方法

定位支承类型	符　号			
	独 立 定 位		联 合 定 位	
	标注在视图轮廓线上	标注在视图正面[1]	标注在视图轮廓线上	标注在视图正面[1]
固定式			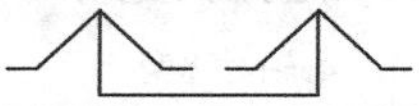	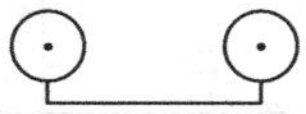
活动式			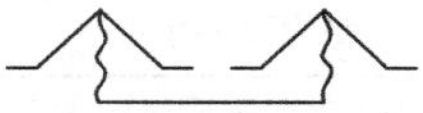	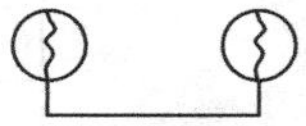

注：1）视图正面是指观察者面对的投影面。

2．辅助支承符号

辅助支承符号按表 A-2 所示的规定表示。

表 A-2　辅助支承符号及其表示方法

独 立 支 承		联 合 支 承	
标注在视图轮廓线上	标注在视图正面	标注在视图轮廓线上	标注在视图正面
		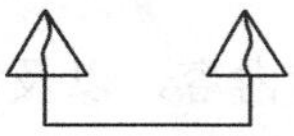	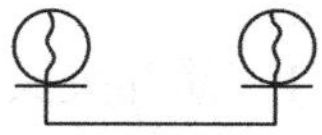

3．夹紧符号

夹紧符号按表 A-3 所示的规定表示，表中的字母代号为大写汉语拼音字母。

表 A-3　夹紧符号及其表示方法

夹紧动力源类型	符　号			
	独 立 夹 紧		联 合 夹 紧	
	标注在视图轮廓线上	标注在视图正面	标注在视图轮廓线上	标注在视图正面
手动夹紧				
液压夹紧	Y	Y	Y	Y
气动夹紧	Q	Q	Q	D
电磁夹紧	D	D	D	Q

附录 B 定位、夹紧符号应用及相对应的夹具结构示例

定位、夹紧符号应用及相对应的夹具结构示例如表 B-1 所示。

表 B-1 定位、夹紧符号应用及相对应的夹具结构示例

说 明	定位、夹紧符号应用示例	夹具结构示例
铣槽： 安装在 V 形夹具体内的销轴		 注：三件同时加工
齿形加工： 安装在铣齿底座上的齿轮		
箱体镗孔： 安装在一圆柱销和一菱形销夹具上的箱体		

续表

说　明	定位、夹紧符号应用示例	夹具结构示例
箱体镗孔： 安装在三面定位夹具上的箱体		
钻孔： 安装在钻模上的支架		
铣曲轴侧面： 安装在专用曲轴夹具上的曲轴		

续表

说　　　明	定位、夹紧符号应用示例	夹具结构示例
加工端面： 安装在联动 夹紧夹具上 的垫块		
加工端面： 安装在联动 夹紧夹具上 的多件短轴		
加工侧面： 安装在液压 杠杆夹紧夹 具上的垫块		
加工上平面： 安装在气动 铰链杠杆夹 紧夹具上的 圆盘		

附录 C 槽系组合夹具的常用元件

槽系组合夹具的常用元件如表 C-1 所示。

表 C-1 槽系组合夹具的常用元件

类 型	元 件	元 件 图 例
基础件	方形、长方形、圆形基础板及基础角铁等	
支承件	V 形支承、长方形支承、加筋角铁等	
定位件	平键、T 形键、圆柱定位销、圆柱定位盘、定位接头	
导向件	固定钻套、快换钻套、钻模板等	

类　型	元　　件	元 件 图 例
压紧元件	弯压板、摆块、叉形压板、U 形压板	
紧固件	各种螺栓、螺钉、螺丝、螺母等	
其他件	连接板、手柄和平衡块等	
合件	分度盘、顶尖座、拆合板等	

参 考 文 献

[1] 朱耀祥，逋林祥.现代夹具设计手册.北京：机械工业出版社，2011.

[2] 王丹.机械加工夹具及选用.北京：化学工业出版社，2009.

[3] 李昌年.机床夹具设计与制造.北京：机械工业出版社，2007.

[4] 李名望.机床夹具设计实例教程.北京：化学工业出版社，2009.

[5] 陈旭东.机床夹具设计.北京：清华大学出版社，2010.

[6] 关慧贞.机械制造装备设计（第3版）.北京：机械工业出版社，2011.

[7] 宋殷.机床夹具设计.武汉：华中理工大学出版社，2000.

[8] 吴拓.现代机床夹具设计（第2版）.北京：化学工业出版社，2011.

[9] 孙丽媛.机械制造工艺及专用夹具设计指导.北京：冶金工业出版社，2008.

[10] 陈红霞.机械制造工艺学.北京：北京工业大学出版社，2010.

[11] 柯建宏.机械制造技术基础课程设计.武汉：华中科技大学出版社，2011.

[12] 李硕.机械制造工艺基础.北京：国防工业出版社，2008.

[13] 薛源顺.机床夹具设计.北京：机械工业出版社，2003.

[14] 龚定安，蔡建国.机床夹具设计原理.西安：陕西科学技术出版社，1993.

[15] 邹青.机械制造技术基础课程设计指导教程.北京：机械工业出版社，2010.

[16] 孙学强.机械加工技术.北京：机械工业出版社，2005.

[17] Yiming Rong，Samuel Huang，Zhikun Hou.Computer Aided Fixture Design.London：ELSEVIER Academic Press，2005.

[18] 国家教委高等教育司，北京市教育委员会编.高等学校毕业设计（论文）指导手册.机械卷.北京：高等教育出版社，1998.